Lambacher Schweizer 9

Mathematik für Gymnasien

Nordrhein-Westfalen

Arbeitsheft

W0367424

herausgegeben von Matthias Janssen

erarbeitet von
Oliver Blinn, Jürgen Frink, Petra Hillebrand, Matthias Janssen, Klaus-Peter Jungmann,
Karen Kaps, Michael Kölle, Tanja Sawatzki, Uwe Schumacher

Ernst Klett Verlag
Stuttgart · Leipzig

Liebe Schülerinnen und Schüler,

auf dieser Seite stellen wir euch euer Arbeitsheft für die 9. Klasse vor.

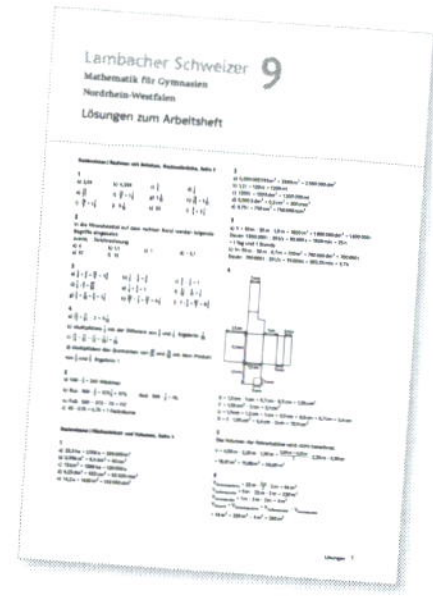

Die Kapitel und das Lösungsheft
In den einzelnen Kapiteln des Arbeitshefts werden alle Themen aus eurem Mathematikunterricht behandelt. Wir haben versucht, viele interessante und abwechslungsreiche Aufgaben zusammenzustellen, die euch beim Lernen weiterhelfen werden.
Alle Lösungen zu den Aufgaben stehen im Lösungsheft, das in der Mitte eingeheftet ist und sich leicht herausnehmen lässt.

Basiswissen
Wichtige Themen aus Klasse 8 werden hier wiederholt und nochmals geübt. Diese Seiten kannst du zum Einstieg bearbeiten oder erst dann, wenn du merkst, dass du z. B. eine Auffrischung zu Termen und Gleichungen gut gebrauchen kannst.

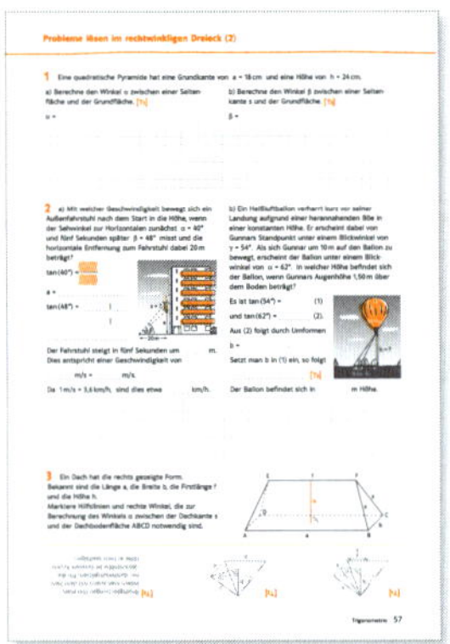

Übungsblätter
Zu allen wichtigen Bereichen der 9. Klasse findet ihr hier viele verschiedene Übungen. Damit ihr seht, wie eine Aufgabe gemeint ist, haben wir an einigen Stellen schon einen Aufgabenteil gelöst (orange Schreibschrift). Eure Antworten schreibt ihr auf die vorgegebenen Linien ____________ oder in die farbigen Kästchen ▭ .
Manchmal braucht ihr einen Zettel für Nebenrechnungen. An manchen Aufgaben findet ihr Nummern, z. B. [T1]. Falls ihr Schwierigkeiten haben solltet, für die gekennzeichnete Aufgabe einen Lösungsansatz zu finden, könnt ihr den entsprechend nummerierten Tipp am unteren Seitenrand durchlesen und dann weiterarbeiten. Damit diese Tipps nicht unbeabsichtigt gelesen werden können, haben wir sie auf den Kopf gestellt.

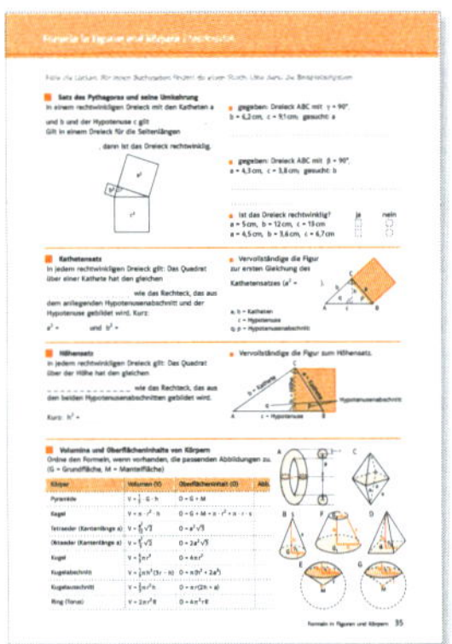

Merkzettel befinden sich am Ende von jedem Kapitel. Dort stehen alle wichtigen Regeln und Begriffe, die das Kapitel enthält. Damit ihr euch diese Begriffe leichter und auch dauerhaft merken könnt, sollt ihr auch diese Blätter selbst bearbeiten und lösen.

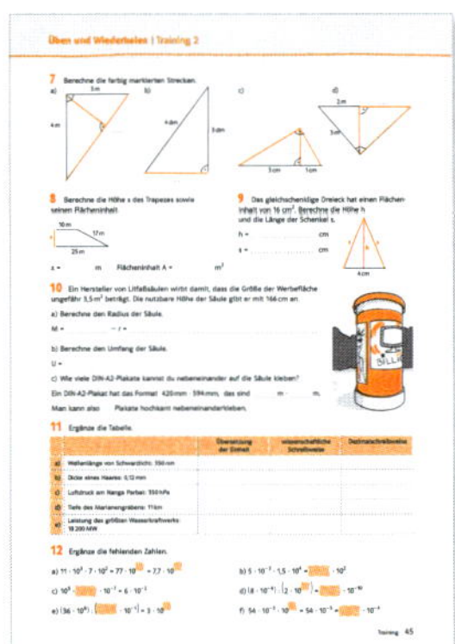

Training: Üben und Wiederholen. Die drei Trainingseinheiten im Heft wiederholen den neuen und auch den schon etwas älteren Stoff. Hier findet ihr Aufgaben zu allen davor liegenden Kapiteln.

Der Wissensspeicher und das Register
Wisst ihr nicht, was ein Begriff bedeutet? Oder sucht ihr Übungen zu einem bestimmten Thema? Hier hilft das Register auf der letzten Seite. Alle mathematischen Begriffe der 9. Klasse könnt ihr dort nachschlagen. Von dort werdet ihr auf die Seite verwiesen, auf der ihr eine Erklärung des Begriffs findet.
Probiert es am besten gleich aus: Auf welcher Seite wird „Exponent“ erklärt? ________

Nun kann es losgehen. Wir wünschen euch viel Spaß und Erfolg beim Lösen der Aufgaben.

Euer Autorenteam

1 Berechne im Kopf.

a) $0{,}05 + 1{,}98 =$ ______

b) $2{,}009 + 2\frac{1}{4} =$ ______

c) $\frac{5}{6} \cdot 2 =$ ______

d) $\frac{1}{3} +$ ______ $= \frac{1}{2}$

e) $\frac{2}{7} + \frac{1}{3} =$ ______

f) $\frac{3}{8} \cdot 5 =$ ______

g) $2\frac{3}{5} - 1\frac{1}{3} =$ ______

h) $2{,}6 \cdot \frac{1}{2} \cdot \frac{5}{6} =$ ______

i) $\frac{4}{6} : \frac{3}{8} =$ ______

j) $2\frac{3}{4} : 0{,}9 =$ ______

k) $\frac{5}{11} \cdot$ ______ $= 10$

l) ______ $: 3 = \frac{3}{4}$

2 Berechne die Rechenausdrücke, achte dabei auf Rechenregeln und auf Rechenvorteile.

a) $(0{,}5 + 1{,}2) \cdot 3 + 0{,}9 =$ ______

b) $0{,}2 \cdot 10 - 9 \cdot 0{,}1 =$ ______

c) $\frac{1}{2} + \frac{1}{4} - \frac{1}{8} + \frac{3}{4} - \frac{3}{8} =$ ______

d) $1{,}6 - (1{,}6 + 3{,}7) =$ ______

e) $87 - 24 - 26 =$ ______

f) $1{,}2 \cdot 4 + 1{,}2 \cdot 6 =$ ______

Klammern werden ______ berechnet.

Punktrechnung vor ______ .

3 Berechne im Kopf. Notiere auch das Zwischenergebnis.

a) $\frac{5}{9} + \frac{2}{3} \cdot \frac{4}{3} =$ ______ $=$ ______

b) $\frac{1}{2} \cdot \left(\frac{3}{4} + \frac{2}{4}\right) =$ ______ $=$ ______

c) $\frac{12}{14} : \frac{4}{7} - \frac{1}{2} =$ ______ $=$ ______

d) $\left(\frac{4}{3} - \frac{1}{6}\right) : \frac{6}{7} =$ ______ $=$ ______

e) $\frac{1}{4} \cdot \frac{2}{3} + \frac{5}{6} =$ ______ $=$ ______

f) $\left(\frac{2}{6} + \frac{2}{5}\right) \cdot \frac{3}{11} =$ ______ $=$ ______

g) $\frac{4}{5} \cdot \frac{5}{6} + \frac{4}{5} \cdot \frac{2}{3} =$ ______ $=$ ______

h) $7 \cdot \frac{4}{5} - 7 \cdot \frac{1}{5} =$ ______ $=$ ______

i) $7 : \left(\frac{2}{3} + \frac{1}{6}\right) =$ ______ $=$ ______

4 Fülle die Tabelle aus.

Aufgabe	Rechenausdruck	Ergebnis
a) Multipliziere die Summe aus $\frac{2}{3}$ und $\frac{7}{8}$ mit 2.		
b)	$\frac{1}{2} \cdot \left(\frac{4}{5} - \frac{1}{3}\right)$	
c) Vermindere die Differenz aus $\frac{4}{6}$ und $\frac{1}{3}$ um die Summe aus $\frac{1}{5}$ und $\frac{1}{10}$.		
d)	$\left(\frac{49}{24} : \frac{14}{36}\right) \cdot \left(\frac{2}{3} \cdot \frac{2}{7}\right)$	

5 Das Theodor-Heuss-Gymnasium hat insgesamt 560 Schüler und 32 Lehrer. Von den Schülern sind $\frac{4}{7}$ Jungen. Zwei Drittel kommen mit dem Bus zur Schule, $\frac{1}{8}$ mit dem Rad und der Rest geht zu Fuß. Ca. 15 % der insgesamt 45 Unterrichtsräume sind Fachräume, drei sind Computerräume.

a) Es gibt ______ Mädchen auf der Schule.

b) Bestimme die Anzahlen der Schüler: ______ kommen mit dem Bus zur Schule, ______ gehen zu Fuß.

c) Es gibt ______ Fachräume an der Schule.

1 Wandle in die nächstkleinere und die nächstgrößere Flächeneinheit um.

a) ______ = 2350 a = ______

b) ______ = 0,4 dm^2 = ______

c) ______ = 1200 ha = ______

d) ______ = 923 cm^2 = ______

e) ______ = 1420 m^2 = ______

2 Wandle in die angegebenen Volumeneinheiten um.

a) ______ km^3 = 2590 m^3 = ______ dm^3

b) ______ l = 120 cl = ______ ml

c) ______ l = 1203 dm^3 = ______ ml

d) ______ dm^3 = 0,2 cm^3 = ______ mm^3

e) ______ l = 750 cm^3 = ______ mm^3

3 Ein quaderförmiges Schwimmbecken hat eine Länge von 50 m, eine Breite von 20 m und eine Tiefe von 1,80 m.

a) Die Pumpen schaffen 20 l pro Sekunde. Wie lange brauchen die Pumpen, um das Becken komplett zu füllen?

______

______

______

______

Flächen	Volumen
1 km^2 = 100 ha	1 hl = 100 l
1 ha = 100 a	1 l = 100 cl = 1000 ml
1 a = 100 m^2	
1 m^2 = 100 dm^2	1 km^3 = 1 000 000 000 m^3
1 dm^2 = 100 cm^2	1 m^3 = 1000 dm^3
1 cm^2 = 100 mm^2	1 dm^3 = 1000 cm^3 = 1 l
	1 cm^3 = 1000 mm^3

b) Nach einer Reparatur ist das Schwimmbecken 1,10 m hoch gefüllt. Wie viel Liter Wasser muss man noch einfüllen, damit das Becken randvoll gefüllt ist? Wie lange braucht die Pumpe für diese Menge?

______

______

4 Zeichne das Netz des Körpers. Berechne das Volumen und die Oberfläche. Achte auf die Maßeinheiten. Eine Grundfläche ist schon gezeichnet.

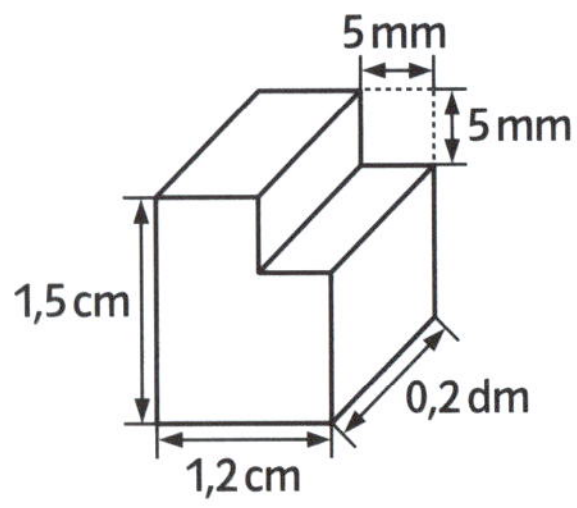

______

______

______

______

______

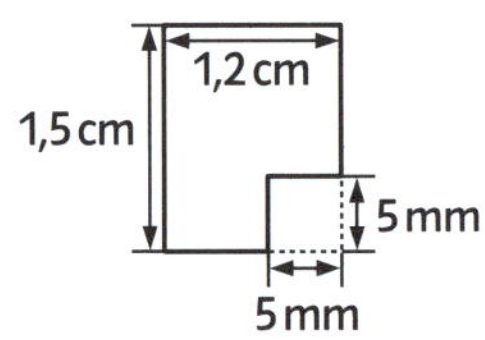

5 Ein Wohnmobil bietet Wohnraum auf vier Rädern. Berechne das Innenraumvolumen. Fahrerkabine und Wanddicke werden nicht eingerechnet.

V = ______

= ______

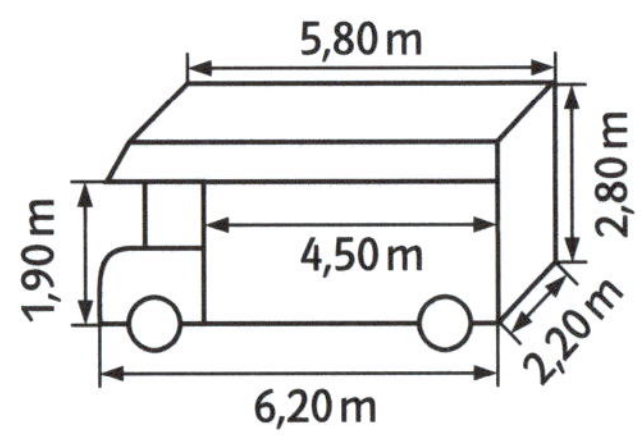

6 Berechne das Volumen des abgebildeten Körpers.

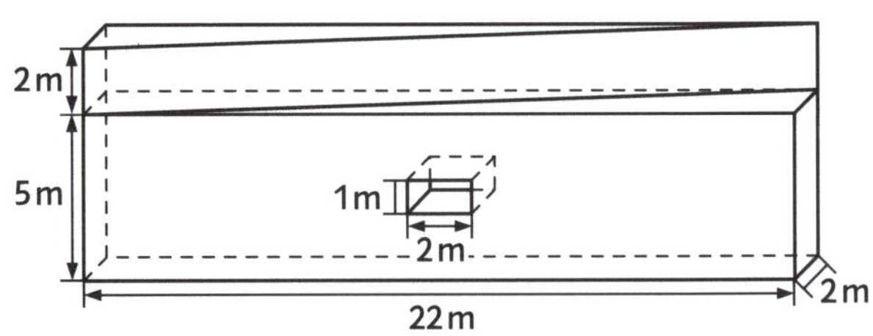

$V_{Dreiecksprisma}$ = ______

$V_{Außenquader}$ = ______

$V_{Innenquader}$ = ______

$V_{Gesamt} = V_{Dreiecksprisma} + V_{Außenquader} - V_{Innenquader}$ = ______

1 a) Bestimme den Wert für $x = 4$ und $y = 7$.

Term	$x^2 - 2yx + y^2$	$x^2 + 2yx + y^2$	$(2x - 3y)(2x + 3y)$
Wert des Terms			

b) Anna hat sich bei dem dritten Term verrechnet. Korrigiere.

$(2x - 3y)(2x + 3y) = 2 \cdot x^2 - 3 \cdot y^2 = 2 \cdot 16 - 3 \cdot 49 = -115$

______

2 Benutze die binomischen Formeln.

a) $(3a - 4b)^2 = 9a^2 -$ ______

b) $(2x + 4y)^2 =$ ______

c) $(u - 2v^2)^2 =$ ______

d) $(2x - 3y)(2x + 3y) =$ ______

e) $(-2a - 2{,}5b)^2 =$ ______

3 Ergänze zu einer binomischen Formel.

a) $16x^2 + 24yx +$ ______ = (______ + ______)^2

b) ______ $- 6u +$ ______ = (u − ______)^2

c) $25x^2 +$ ______ + 49 = (______ + ______)^2

d) $169x^2 -$ ______ = (______)(______ +16)

e) $144x^2 -$ ______ + 121 = ______

4 Bestimme die Lösungsmenge.

a) $3(2x - 5) = 12(2x - 3) - 15$ | ______

$6x -$ ______ = ______ $- 36 - 15$ | ______

______ = ______ | ______

______ = ______ | ______

x = ______

b) $(x - 3)(x - 2) = (x + 2)^2$ | ______

______ = ______ | ______

______ = ______ | ______

______ = ______ | ______

x = ______

c) $x^2 + 4x - 3x^2 = 5x^2 + 3x - 4x^2$ | ______

______ = 0 | ______

______ $\cdot x^2 +$ ______ $\cdot x = 0$ | ______

______ = 0 | ______

$x_1 =$ ______ und $x_2 =$ ______

5 In einem Dreieck ist die Grundseite g gegeben. Die Höhe h ist 3 cm größer als g. Vergrößert man jetzt g um 2 cm und verkürzt h um 3 cm, so verringert sich der Flächeninhalt A um 5 cm^2. Wie groß müssen g und h gewesen sein?

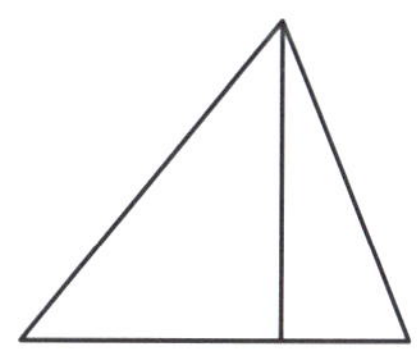

$g_{alt} =$ ______

$g_{neu} =$ ______

$h_{alt} =$ ______

$h_{neu} =$ ______

$A_{alt} =$ ______

$A_{neu} =$ ______

______

______

______

______

Somit waren g = ______ und h = ______ .

6 Gegeben ist die folgende Figur. Bestimme jeweils einen Term für Umfang und Flächeninhalt. Vereinfache die Terme so weit wie möglich.

U = ______

______

______

A = ______

______

______

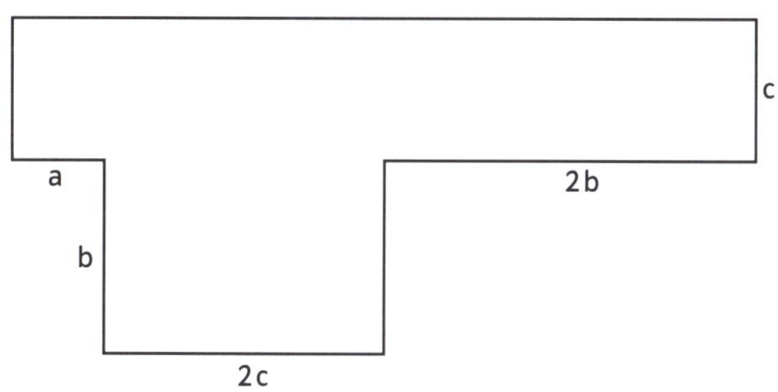

1 Löse das lineare Gleichungssystem mit dem Gleichsetzungsverfahren.

a) I: $7x = -y + 15$
II: $7x = 3y + 39$

Lösung: (______ ; ______)

b) I: $3x + y = 5$
II: $y = 2x - 17$

Lösung: (______ ; ______)

2 Löse das lineare Gleichungssystem mit dem Additionsverfahren.

a) I: $6x = -2{,}5y + 27$
II: $12x = 4y + 120$

Lösung: (______ ; ______)

b) I: $16x + 30y = 26$
II: $y = -1{,}4x - 2{,}6$

Lösung: (______ ; ______)

3 Löse das lineare Gleichungssystem.

a) I: $20x = 4y + 24$
II: $5x = 2y - 12$

Lösung: (______ ; ______)

b) I: $8x - 7y = 31$
II: $4y = 44 - 16x$

Lösung: (______ ; ______)

4 Bei der Planung des diesjährigen Sommerurlaubs wird auf die Erfahrungen des letzten Jahres zurückgegriffen. Im letzten Jahr hat das Auto mit Wohnanhänger pro 100 km 11,5 l Diesel verbraucht, ohne Anhänger verbraucht das Auto 7,5 l.
Die All-inclusive-Übernachtung auf dem Campingplatz kostet für die ganze Familie 48,00 € pro Nacht, ein Ferienhaus im selben Ort kann komplett für 55,00 € pro Nacht gemietet werden.
Der Urlaubsort liegt 500 km entfernt und ein Liter Diesel kostet durchschnittlich 1,40 €.
Die Variable y steht für die Kosten (Sprit und Unterbringung) in Abhängigkeit von der Verweildauer.

I: y = ______________ II: y = ______________

Löse zeichnerisch und überprüfe durch Rechnung. Bei welcher Verweildauer sollte man sich für welche Unterkunft entscheiden?

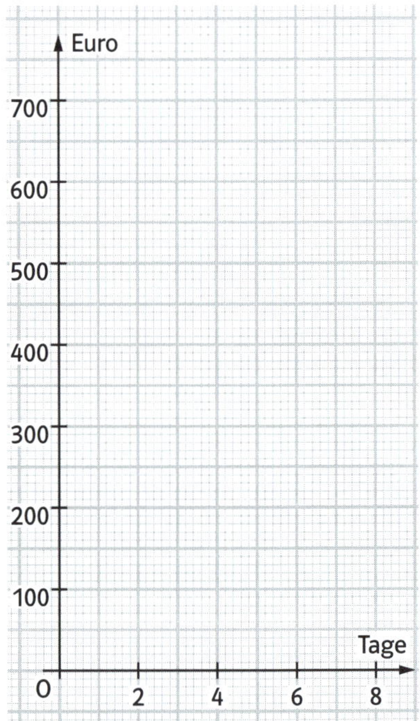

1 Markiere die Karten, die zusammengehören.

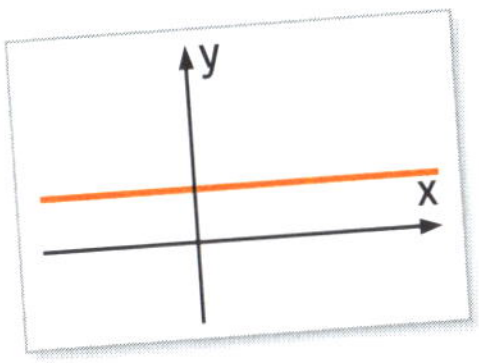

Steigung $m = 0$

$y = mx + b$

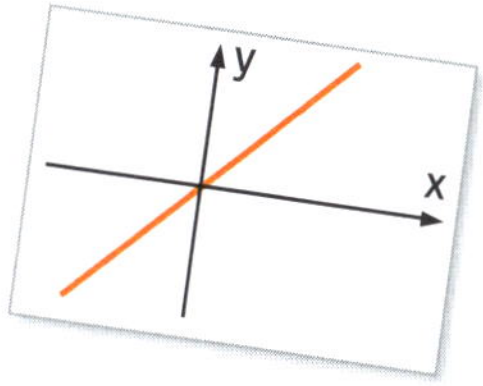

Die Gerade verläuft parallel zur x-Achse.

Die Gerade verläuft durch den Ursprung.

$y = mx$

y-Achsenabschnitt $b = 0$

Die Gerade hat die Steigung m und schneidet die y-Achse im Punkt (0 | b).

$y = b$

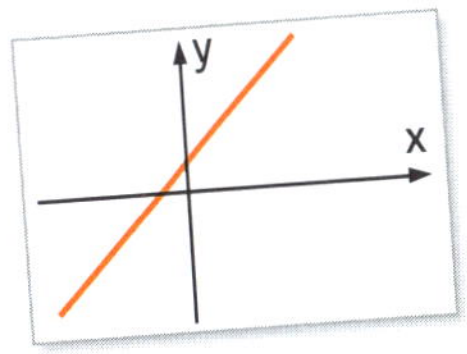

2 Gib Steigung und Funktionsgleichung der Geraden an.

A: $m = \frac{2}{1} = 2$ y = ____________

B: m = ____________   y = ____________

C: m = ____________   y = ____________

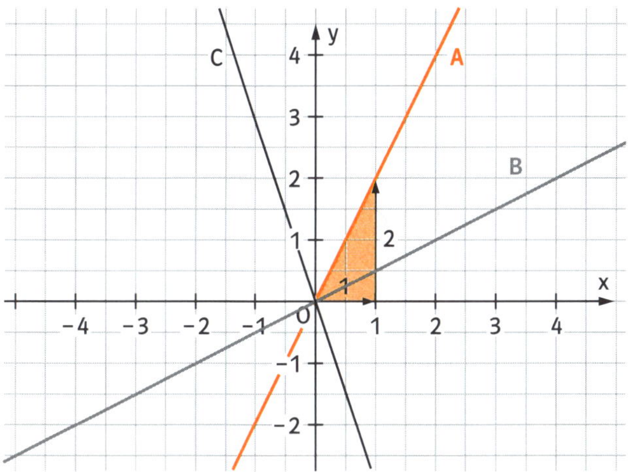

3 Zeichne den Graphen der linearen Funktion.

a) $f(x) = 2x + 3$ b) $g(x) = 2x - 1$

c) $h(x) = -\frac{1}{3}x + 1$ d) $k(x) = \frac{3}{4}x - \frac{1}{2}$

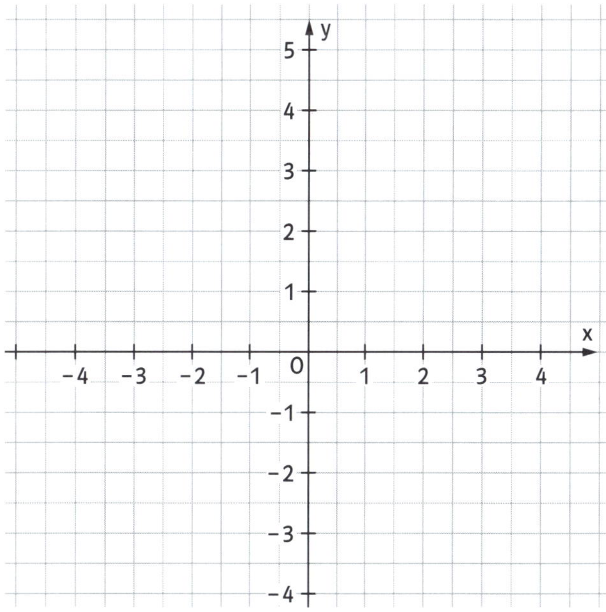

4 Die Kerzen A, B, C und D brennen. Die Funktionsgleichungen geben jeweils die Höhe h (in cm) einer Kerze in Abhängigkeit von ihrer Brenndauer t (in Stunden) an.

A: $h(t) = -t + 22$ B: $h(t) = -1{,}5t + 30$ C: $h(t) = -0{,}7t + 15$ D: $h(t) = -0{,}8t + 12$

a) Welche Höhe hat die Kerze B vor dem Anzünden? ____________

b) Um wie viel cm wird Kerze A jede Stunde kürzer? ____________

c) Welche Kerze wird am schnellsten kürzer? ____________

d) Welche Kerze war anfangs am kleinsten? ____________

e) Wann sind die Kerzen A und B gleich hoch? ____________

f) Wie lange brennt Kerze D? ____________

1 Ergänze den Lückentext. Ausgehend von den g_______ Zahlen $\{\ldots; -3; -2; -1; 0; 1; 2; 3; \ldots\}$ wurden die Bruchzahlen, auch r_______ Zahlen genannt, eingeführt. Schon die einfache Gleichung $x^2 = 2$ führt jedoch zu Lösungen, die nicht mehr zu den rationalen Zahlen gehören, nämlich _____ und _____. Solche Zahlen nennt man i_______ Zahlen. Rationale und irrationale Zahlen zusammen nennt man r_______ Zahlen.

2 Im Bild sind die bekannten Zahlenmengen mit ihren „Enthaltensein"-Beziehungen dargestellt. Trage an die richtigen Stellen die Zahlen von den Kärtchen ein.

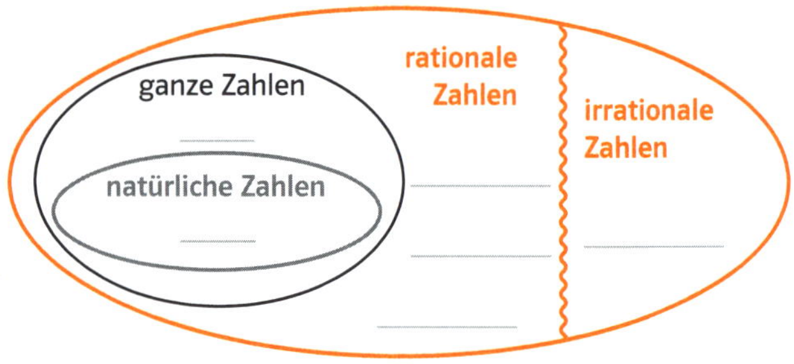

3 Bestimme die Wurzeln, wenn möglich im Kopf. Schreibe in das Feld ein n, falls die Wurzel eine natürliche Zahl ist, ein r für eine rationale Zahl und ein i für eine irrationale Zahl. Gib die irrationalen Wurzeln mit einer Nachkommastelle an.

> Wurzelgesetze:
> $\sqrt{a \cdot b} = \sqrt{a} \cdot \sqrt{b}$
> $\sqrt{\frac{a}{b}} = \frac{\sqrt{a}}{\sqrt{b}}$

a) $\sqrt{121}$ = _______ ☐ b) $\sqrt{0{,}25}$ = _______ ☐ c) $\sqrt{10}$ = _______ ☐

d) $\sqrt{0{,}64}$ = _______ ☐ e) $\sqrt{\frac{32}{72}}$ = _______ ☐ f) $\sqrt{4900}$ = _______ ☐

g) $\sqrt{\frac{144}{36}}$ = _______ ☐ h) $\sqrt{2{,}56}$ = _______ ☐ i) $\sqrt{0{,}0625}$ = _______ ☐

j) $\sqrt{1{,}96}$ = _______ ☐ k) $\sqrt{7^2}$ = _______ ☐ l) $\sqrt{36 \cdot 49}$ = _______ ☐

4 Ziehe teilweise die Wurzel.

a) $\sqrt{27} = \sqrt{9 \cdot 3} = 3 \cdot \sqrt{3}$ b) $\sqrt{32}$ = _______

c) $\sqrt{52}$ = _______ d) $\sqrt{1{,}35}$ = _______

e) $\sqrt{\frac{50}{12}}$ = _______ f) $\sqrt{\frac{24}{98}}$ = _______

5 Vereinfache durch Ausmultiplizieren bzw. durch Ausklammern.

a) $\sqrt{8} \cdot (\sqrt{8} + \sqrt{32})$ = _______ b) $5 \cdot \sqrt{5} - 3 \cdot \sqrt{5}$ = _______

c) $\sqrt{5} \cdot (\sqrt{125} - \sqrt{45})$ = _______ d) $\sqrt{11} \cdot 4 + 2 \cdot \sqrt{11}$ = _______

e) $(\sqrt{54} + \sqrt{96}) \cdot \sqrt{6}$ = _______ f) $3 \cdot \sqrt{7} - \sqrt{7} \cdot 7$ = _______

6 Löse die Gleichungen. Beachte, dass es nicht nur eine Lösung gibt.

a) $x^2 + 144 = 169$ | − 144
_______ = _______
x = _______ ; x = _______

b) $3x^2 = 24$ | _______
_______ = _______
x = _______ ; x = _______

c) $0{,}5 \cdot x^2 - 1{,}5 = 3$
____
_______ = _______
x = _______ ; x = _______

1 Bei Hochspringern lässt sich die Flugbahn des Körperschwerpunktes durch eine Parabel beschreiben. Der Körperschwerpunkt eines stehenden Menschen liegt bei 60 % der Körpergröße. Den Weltrekord der Männer hielt Anfang 2008 der Kubaner Javier Sotomayor, der bei einer Körpergröße von 1,93 m am 27. 07. 1993 2,45 m übersprang. Nimm an, dass bei seinem Sprung der Scheitelpunkt genau 5 cm oberhalb der Latte lag. Die Absprungstelle war 1 m vor der Latte. Welche Höhe hätte Sotomayor übersprungen, wenn er eine Fußlänge (25 cm) zu früh abgesprungen wäre?

Verstehen der Aufgabe

(1) Gegeben: Der Körperschwerpunkt befindet sich beim Absprung ________ m vor der Latte und in der Höhe von ________ % der Körpergröße (________ m), dies sind ________ m. Der Scheitelpunkt der Flugbahn liegt ________ cm über der Latte (________ m), also in einer Höhe von ________ m.

(2) Gefragt ist, welche Höhe er bei verändertem Absprung (________ cm früher) übersprungen hätte.

Ausdenken eines Plans

(1) Wahl einer geeigneten Funktionsgleichung:
Da es sich bei der Flugbahn um eine Parabel handelt, deren Scheitelpunkt bekannt ist, kann sie durch die Funktionsgleichung $y = a \cdot (\_\_\_\_\_\_\_\_)^2$ ________ (Scheitelpunktform) beschrieben werden.

(2) Wahl eines Koordinatensystems und Auswertung der Informationen.

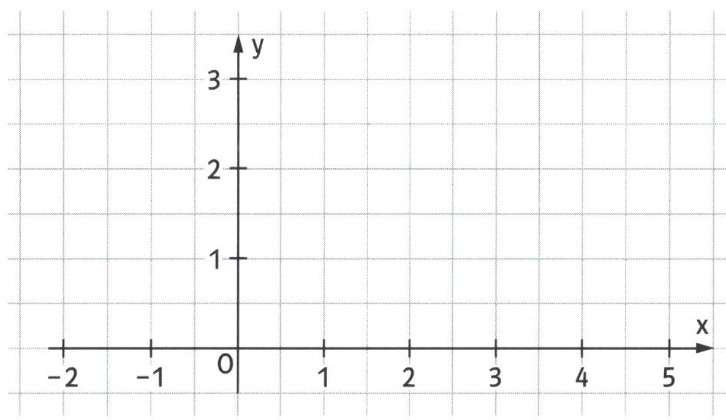

Tipp: Wähle das Koordinatensystem so, dass der Punkt für die Absprungstelle auf der y-Achse liegt. x beschreibt dann die horizontale Entfernung von der ________________, y die Flughöhe des Körperschwerpunktes.
Fertige eine Skizze an, die alle wichtigen Informationen enthält.

Koordinatendes Körperschwerpunktes beim Absprung: P(____ | ______)

Koordinaten des Scheitelpunktes: S(____ | ____)

Durchführen des Plans

(1) Einsetzen des Punktes S(____ | ____) in die Scheitelpunktform ergibt y = ________________.

Durch Einsetzen des Punktes P(____ | ______) erhält man ________ = ________________.

Umformen ergibt ________________.

Also ergibt sich als Funktionsgleichung: y = ________________.

(2) Wenn Sotomayor 25 cm früher abgesprungen wäre, hätte er bei der Latte dieselbe Höhe gehabt wie bei der skizzierten Flugbahn 25 cm ________ der Latte. Also gibt die y-Koordinate an der Stelle x = ________ die gesuchte Höhe an: ________________________.

Notwendiger Abstand zur Latte (________ cm) ⟹ übersprungene Höhe: ________ m

Rückschau

(1) Wenn Sotomayor 25 cm früher abgesprungen wäre, hätte er nur eine Höhe von ________ m übersprungen.

(2) Das Ergebnis ist realistisch, weil ________________________________.

1 Was muss ergänzt werden, damit du den Term mithilfe einer binomischen Formel zusammenfassen kannst?

a) $x^2 + 6x$ $+ 9$ = $(x + 3)^2$ b) $x^2 - 18x$ ___ = ___

c) $x^2 - 5x$ ___ = ___ d) $x^2 - \frac{1}{2}x$ ___ = ___

e) $x^2 + 8x$ ___ = ___ f) $x^2 + \frac{2}{3}x$ ___ = ___

1. binomische Formel
$(a + b)^2$
$= a^2 + 2ab + b^2$
2. binomische Formel
$(a - b)^2$
$= a^2 - 2ab + b^2$

2 Aus der allgemeinen Form einer quadratischen Funktionsgleichung lassen sich die Koordinaten des Scheitelpunktes nicht direkt ablesen. Um sie zu bestimmen, muss die Gleichung erst in die Scheitelform umgewandelt werden.

Allgemeine Form: $y = x^2 + 11x$
$y = x^2 + 2 \cdot 5{,}5 \cdot x + 5{,}5^2 - 5{,}5^2$ quadratische Ergänzung
$y = x^2 + 2 \cdot 5{,}5 \cdot x + 5{,}5^2 - 30{,}25$ 1. binomische Formel
Scheitelform: $y = (x + 5{,}5)^2 - 30{,}25$

Der Scheitelpunkt S hat die Koordinaten S (___ | ___).

a) $y = x^2 - 4x + 1$
$y = x^2 - 4x$ ___ $+ 1$
$y = (x$ ___ $)^2$ ___
S(___ | ___)

b) $y = x^2 + 10x - 5$
$y = x^2 + 10x$ ___
y = ___
S(___ | ___)

c) $y = x^2 - 2x + 2$
y = ___
y = ___
S(___ | ___)

3 Oft musst du beim Umwandeln in die Scheitelform erst ausklammern, bevor du quadratisch ergänzen kannst.

a) $y = 5x^2 - 20x + 5$
$y = 5(x^2 -$ ___ $) + 5$
$y = 5(x^2 -$ ___ $)$ ___
$y = 5((x -$ ___ $)^2$ ___ $)$ ___
$y = 5(x -$ ___ $)^2$ ___
$y = 5(x -$ ___ $)^2$ ___
S(___ | ___)

Faktor vor x^2 aus den ersten beiden Summanden ausklammern

quadratisch ergänzen

binomische Formel anwenden

äußere Klammer ausmultiplizieren

zusammenfassen

b) $y = -3x^2 - 18x + 12$
y = ___
y = ___
y = ___
y = ___
y = ___
S(___ | ___)

4 Kim möchte wissen, wie hoch die Wasserfontäne im botanischen Garten sprüht. Die Fontäne ähnelt einer Parabel, die etwa durch $y = 18x - 3x^2$ beschrieben wird (x und y in Metern).

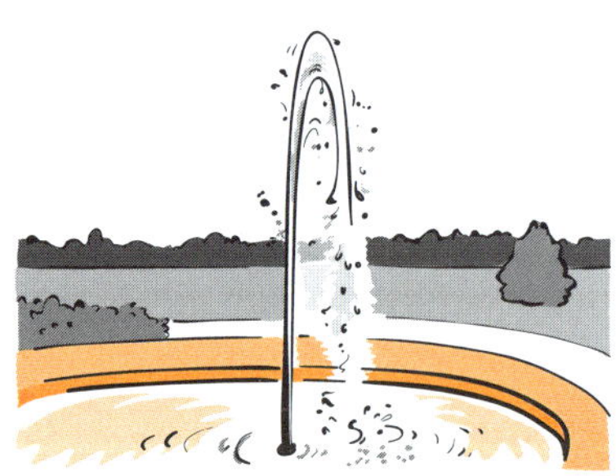

a) Bestimme die Scheitelform. ___

b) Die Fontäne erreicht eine Höhe von ___ m.

1 Löse die Gleichung.

a) $x^2 = 121$

$x_1 =$ ____ ; $x_2 =$ ____

b) $x^2 + 28 = 109$

$x^2 =$ ____

$x_1 =$ ____ ; $x_2 =$ ____

c) $x^2 - \frac{25}{36} = 0$

____

$x_1 =$ ____ ; $x_2 =$ ____

d) $x^2 - 0{,}04 = 0$

____

$x_1 =$ ____ ; $x_2 =$ ____

2 Löse die Gleichung durch Ausklammern.

a) $x^2 + 23x = 0$

$x \cdot (x + \quad) = 0$

$x_1 = 0$; $x_2 =$ ____

b) $x^2 - 1{,}3x = 0$

____

$x_1 =$ ____ ; $x_2 =$ ____

c) $x^2 = -3{,}5x$

____

____

$x_1 =$ ____ ; $x_2 =$ ____

d) $x^2 = 5x$

____

____

$x_1 =$ ____ ; $x_2 =$ ____

3 Verbinde die Gleichungen, die dieselben Lösungen haben. Gib diese Lösungen an.

$x^2 - 16 = 0$	$x^2 - 3x = 0$	$x_1 =$ ____ ; $x_2 =$ ____
$-12 + 5x^2 = x^2$	$3x^2 + 2x = 0$	$x_1 =$ ____ ; $x_2 =$ ____
$\frac{3}{5}x^2 + \frac{2}{5}x = 0$	$0{,}5x^2 - 8 = 0$	$x_1 =$ ____ ; $x_2 =$ ____
$\frac{1}{3}x^2 - x = 0$	$3x^2 = 9$	$x_1 =$ ____ ; $x_2 =$ ____

4 Löse die quadratische Gleichung.

a) $x^2 - 64 = 0$

$x_1 =$ ____ ; $x_2 =$ ____

b) $4x^2 - 20x = 0$

$x_1 =$ ____ ; $x_2 =$ ____

c) $-3x^2 = -108$

$x_1 =$ ____ ; $x_2 =$ ____

d) $-0{,}25x^2 + 12{,}25 = 0$

$x_1 =$ ____ ; $x_2 =$ ____

e) $x^2 + 0{,}5x = 0$

$x_1 =$ ____ ; $x_2 =$ ____

f) $5x^2 = 125x$

$x_1 =$ ____ ; $x_2 =$ ____

5 Gib zwei mögliche quadratische Gleichungen an, welche die gegebenen Lösungen besitzen.

a) $x_1 = -\sqrt{5};\ x_2 = \sqrt{5}$

b) $x_1 = -2;\ x_2 = 2$

c) $x_1 = 0;\ x_2 = 4$

d) $x_1 = -3;\ x_2 = 0$

e) $x_1 = -5;\ x_2 = 5$

f) $x_1 = -9;\ x_2 = 0$

1 Löse die quadratische Gleichung, indem du die verschobene Normalparabel zeichnest und die Nullstellen der Funktion abliest. Bringe die Gleichung bei b) erst in Normalform und forme dann in die Scheitelform um.

a) $x^2 + x - 6 = 0$

$f(x) = x^2 + x - 6$

$f(x) = (x$ ___ $)^2$ ___

S(___ | ___)

Nullstellen sind:

$x_1 \approx$ ___ ; $x_2 \approx$ ___

b) $3x^2 + 10{,}5x - 6 = 0$ | ___

$x^2 +$ ___ $= 0$

$f(x) =$ ___

$f(x) = (x$ ___ $)^2$ ___

S(___ | ___)

Nullstellen sind:

$x_1 \approx$ ___ ; $x_2 \approx$ ___

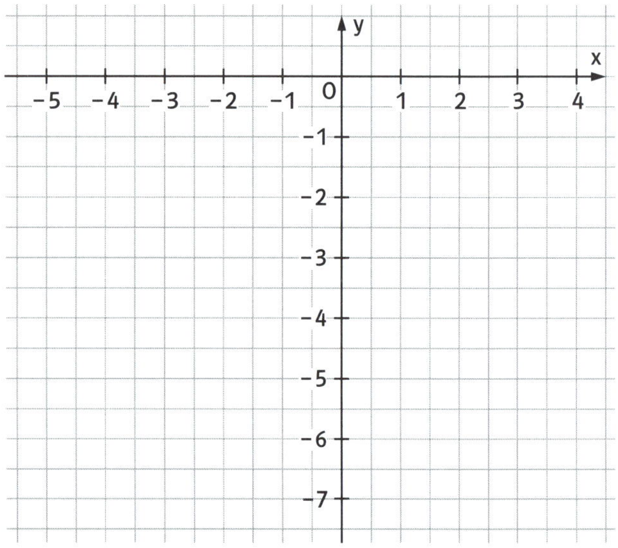

2 Löse die Gleichung zeichnerisch, indem du die Schnittstellen der Normalparabel mit einer Geraden bestimmst. Forme zuerst die Gleichung geeignet um. Zeichne dann die Gerade, notiere die Schnittstellen.

a) $x^2 - \frac{1}{2}x + \frac{1}{2} = 0$

$x^2 = \frac{1}{2}x - \frac{1}{2}$

Normalparabel: $y = x^2$

Gerade: $y =$ ___

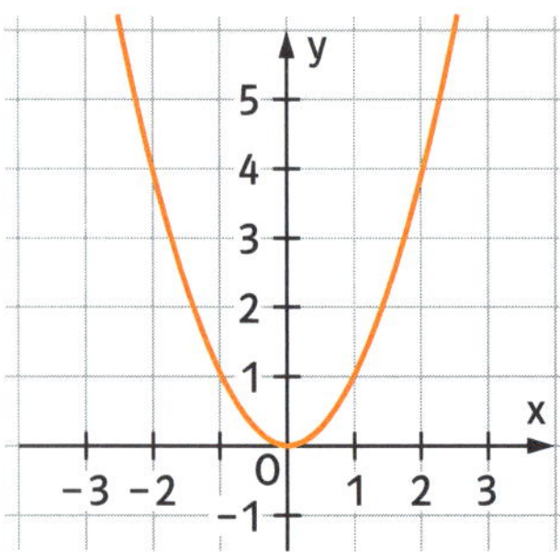

$x_1 \approx$ ___ ; $x_2 \approx$ ___

b) $4x^2 + 8x + 2 = 0$ | : 4

___

$x^2 =$ ___

$y =$ ___

$y =$ ___

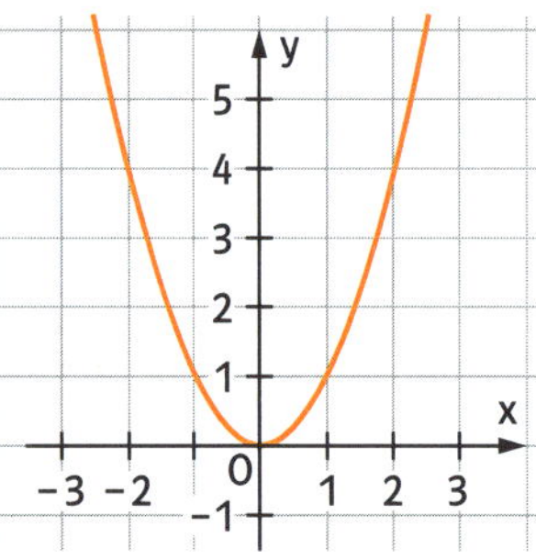

$x_1 \approx$ ___ ; $x_2 \approx$ ___

c) $x^2 - x - 1 = 0$

$x^2 =$ ___

$y =$ ___

$y =$ ___

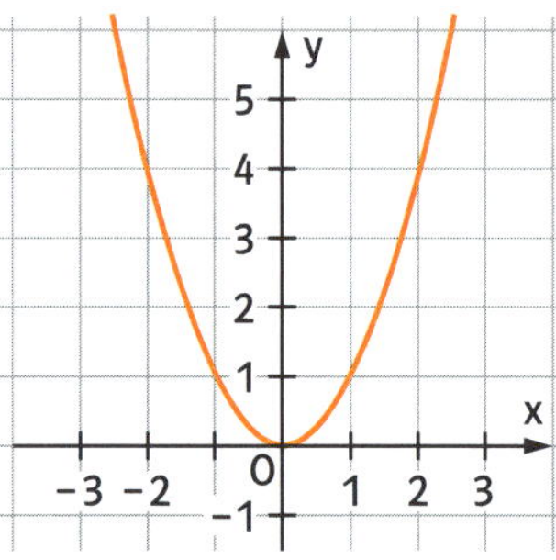

$x_1 \approx$ ___ ; $x_2 \approx$ ___

d) $2x^2 + 3x + 2 = 0$ | : 2

___

$x^2 =$ ___

$y =$ ___

$y =$ ___

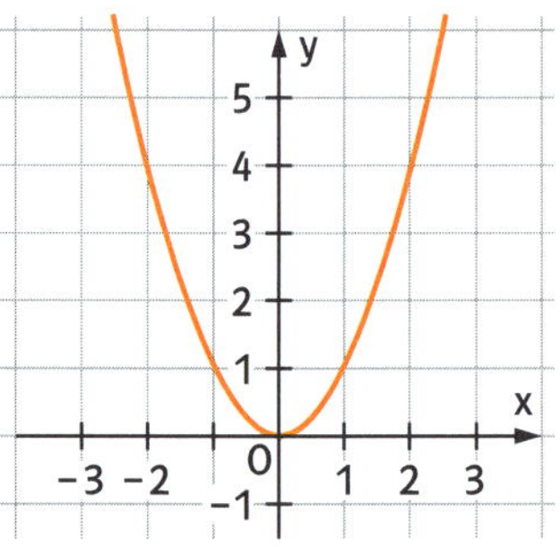

$x_1 \approx$ ___ ; $x_2 \approx$ ___

3 Löse die Gleichung rechnerisch mithilfe der quadratischen Ergänzung.

a) $x^2 - 4x + 3 = 0$

___

$x_1 =$ ___ ; $x_2 =$ ___

b) $2x^2 + 12x + 20 = 0$

___

c) $\frac{1}{4}x^2 - 2x + 4 = 0$

___

Lösen von quadratischen Gleichungen mit der pq-Formel

1 Bestimme die Lösungen rechnerisch mithilfe der pq-Formeln.

a) $x^2 - 8x + 7 = 0$

$p = \_\_$, $q = \_\_$

$x_{1,2} = -\frac{\_\_}{2} \pm \sqrt{\left(\frac{\_\_}{2}\right)^2 - \_\_}$

$= \_\_\_\_\_\_$

$= \_\_\_\_\_\_$

$= \_\_\_\_\_\_$

$x_1 = \_\_\_$ und $x_2 = \_\_\_$

b) $x^2 + 3x - 10 = 0$

$x_{1,2} = \_\_\_\_\_\_$

$x_1 = \_\_\_$ und $x_2 = \_\_\_$

c) $x^2 + 8x + 12 = 0$

$x_{1,2} = \_\_\_\_\_\_$

$x_1 = \_\_\_$ und $x_2 = \_\_\_$

2 Ergänze die Tabelle.

	Quadratische Gleichung	Einsetzen in pq-Formel	Wert der Diskriminante	Anzahl der Lösungen	Lösungen, falls vorhanden
a)	$x^2 + 4x - 21 = 0$	$x_{1,2} = -2 \pm \sqrt{2^2 + 21}$	$2^2 + 21 = 25$		
b)	$x^2 - 6x + 9 = 0$				
c)	$x^2 - 3x + 8 = 0$				
d)	$x^2 + 14x + 24 = 0$				
e)	$x^2 + 3x + 2{,}25 = 0$				
f)	$x^2 - 10x + 30 = 0$				

3 Forme zuerst in die Normalform um. Bestimme dann rechnerisch die Lösungen.
Runde auf zwei Nachkommastellen.

a) $3x^2 = -12x + 24$

$3x^2 \_\_\_\_\_\_ = 0 \quad | : 3$

$x^2 + \_\_\_\_\_\_ = 0$

$x_{1,2} = \_\_\_\_\_\_$

$= \_\_\_\_\_\_$

$= \_\_\_\_\_\_$

$x_1 \approx \_\_\_$ und $x_2 \approx \_\_\_$

b) $5x^2 - 20x = 10x - 20$

$5x^2 \_\_\_\_\_\_ = 0$

$x_{1,2} = \_\_\_\_\_\_$

$= \_\_\_\_\_\_$

$= \_\_\_\_\_\_$

$x_1 \approx \_\_\_$ und $x_2 \approx \_\_\_$

c) $2x + 24 = 6x^2 - x$

$x_{1,2} = \_\_\_\_\_\_$

$= \_\_\_\_\_\_$

$= \_\_\_\_\_\_$

$x_1 \approx \_\_\_$ und $x_2 \approx \_\_\_$

4 Markiere zusammengehörige Kärtchen farbig. Tipp: Es gehören jeweils drei Kärtchen zusammen.

- $x(x - 1) = 0$
- $x_{1,2} = 1 \pm \sqrt{1 - 1}$
- $x^2 = 1$
- $x_{1,2} = -1 \pm \sqrt{1 - 1}$
- $x^2 - 1 = 0$
- $x^2 - x = 0$
- $x = -1$
- $x^2 - 2x + 1 = 0$
- $x_{1,2} = -1 \pm \sqrt{1 + 1}$
- $x = 1$
- $x_1 = -1 - \sqrt{2}$; $x_2 = -1 + \sqrt{2}$
- $x_1 = 0$; $x_2 = 1$
- $x_1 = -1$; $x_2 = 1$
- $x^2 + 2x - 1 = 0$
- $x^2 + 2x + 1 = 0$

Probleme lösen (1)

1 Ein Rechteck hat die Seitenlängen 4 cm und 6 cm. Verlängert man alle Seiten um denselben Wert, so entsteht ein Rechteck mit dem 26-fachen Flächeninhalt. Welche Seitenlängen hat dieses vergrößerte Rechteck?

1. Variable benennen	1. Seitenlänge: 4 + ___	2. Seitenlänge: 6 + ___
2. Gleichung aufstellen		
linker Term	Flächeninhalt des vergrößerten Rechtecks: (4 + ___)(______)	
rechter Term	ursprünglicher Flächeninhalt: ________	
	26-Faches des ursprünglichen Flächeninhalts: ________	
Gleichung	____________ (Löse rechts!)	
3. Gleichung lösen	x_1 = ______ ; x_2 = ______	
4. Ergebnis prüfen	____________	
	____________	
5. Antwort formulieren	____________	
	____________	

2 Übertrage den Text der Kärtchen an die richtige Stelle in der Tabelle und vervollständige gegebenenfalls.

- Die gesuchte negative Zahl heißt ______ .
- $2x \cdot (x-2) =$ ______
  $2x^2$ ______ = ______ |− ______
  …
  x_1 = ______ ; x_2 = ______
- $2x \cdot (x-2) =$ ______
- Da ___ keine natürliche Zahl ist, muss nur ___ überprüft werden: ____________
- Da ___ keine negative Zahl ist, muss nur ___ überprüft werden: ________ = 224
- $x \cdot (x+2) =$ ______
  $x^2 + 2x =$ ______ |− ___
  …
  x_1 = ______ ; x_2 = ______
- Die gesuchte natürliche Zahl heißt ______ .
- Zahl: x
  Doppeltes der Zahl: 2x
  um 2 verminderte Zahl: x − 2
- Zahl: x
  um 2 vergrößerte Zahl: x + 2
- $x \cdot (x+2) =$ ______

Aufgabenstellung	Gesucht ist die negative Zahl, die mit der um 2 vergrößerten Zahl das Produkt 224 ergibt.	Das Produkt aus dem Doppelten einer natürlichen Zahl und der um 2 verminderten Zahl ist 448.
1. Variable benennen		
2. Gleichung aufstellen		
3. Gleichung lösen		
4. Ergebnis prüfen		
5. Antwort formulieren		

Probleme lösen (2)

1 Bei welchem Wert für x wird der Flächeninhalt des schwarzen Rechtecks maximal?

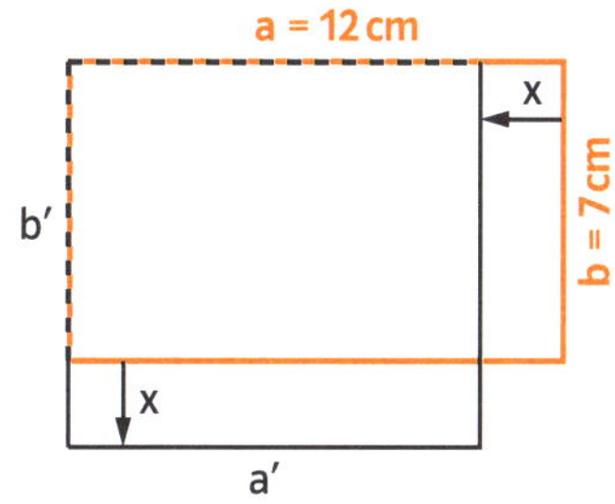

1 Das weißt du schon:
Das orange Rechteck hat die Seitenlängen a = 12 cm und ___________ .

Die eine Seite wird um x verkürzt und die andere um ______ verlängert.
Der Flächeninhalt des schwarzen Rechtecks soll maximal werden.

2 Plan: Zur Berechnung des gesuchten Flächeninhalts benötigst du die Seitenlängen des ______________ Rechtecks.

3 Durchführung: Seite a′ = 12 − ______ ; Seite b′ = ______ (in cm).

Daraus ergibt sich der Flächeninhalt A = ___________________________ .

Die Funktion x → A mit der Funktionsgleichung A = _______________ ist quadratisch. Am Scheitelpunkt der Parabel kann man den ____________ Flächeninhalt ablesen.
Der x-Wert des Scheitelpunktes gibt den gesuchten Wert an.

Bestimmung des Scheitelpunktes: S(_____ | _____), x = _________

A = ________________
A = _____(__________) _________
A = _____((_____)^2 _____) _____
A = _____(______)^2 _____

4 Antwort: Wenn x den Wert __________ annimmt, wird der Flächeninhalt maximal. Er beträgt dann ________________ .

2 a) Gesucht ist die Zahl, die mit der um 2 vergrößerten Zahl das kleinste Produkt ergibt.
Gib die Zahl und das Produkt an.

Zahl: x; um 2 vergrößerte Zahl: ______ ; Produkt p(x) = x · ______

Produkt in Scheitelform: p(x) = ______________________ ; S(_____ | _____).

Für die Zahl ______ wird das Produkt am kleinsten, nämlich ______ .

b) Für welche Zahl ist das Produkt aus dem Doppelten der Zahl und der um 5 verminderten Zahl am kleinsten?

Zahl: _____ ; Doppeltes der Zahl: _____ ; um 5 verminderte Zahl: _____

Produkt p(x) = ________________ ; Produkt in Scheitelform: p(x) = ______________________________ ;

S(_____ | _____). Für die Zahl _____ wird das Produkt am kleinsten, nämlich ______ .

3 Eine Großbäckerei verkauft wöchentlich 300 000 Vollkornbrote zu 2,08 € an Supermarktketten. Pro Brot erzielt sie dabei 54 ct Gewinn. Wenn die Großbäckerei ihren Preis um einen Cent verringert, steigert das den Verkauf um 5000 Brote. Bei welchem Preis ist der Gewinn für die Großbäckerei am größten?

Wenn die Großbäckerei den Preis eines Brotes um x ct verringert, macht sie pro Brot ______ ct Gewinn. Durch die Preissenkung um 1 ct verkauft sie wöchentlich 5000 Brote mehr, bei einer Preissenkung um x ct müsste sie _________ Brote mehr verkaufen, also 300 000 + _________ insgesamt.

Gewinn G = Gewinn pro Brot · Anzahl _________ . Also gilt:

G = ______________________________________ . Bestimmung des Scheitelpunktes: S(______ | __________). Der maximale Gewinn ergibt sich für x = ______ ct und beträgt ____________ ct. Dies ist eine Preis ______________ um ______ ct, sodass das Brot dann ______ € kostet.

G = _______ x^2 _____________
G = _______ (____) ____________
G = _______ ((____)^2 _____) _____
G = _______ (____)^2 ____________

Fülle die Lücken. Für jeden Buchstaben findest du einen Strich. Löse dann die Beispielaufgaben.

Bestimmung des Scheitelpunkts

Eine quadratische Funktion der Form $y = ax^2 + bx + c$ kann mithilfe der _______________ Ergänzung in die Scheitelpunktform $y = a(x - d)^2 + e$ umgeformt werden.

1. Faktor a aus den ersten beiden Summanden _____________.
2. Wert für d durch Halbieren des Faktors vor x für die quadratische Ergänzung bestimmen.
3. Quadratisch ergänzen: d^2 addieren und subtrahieren. Dann 1. bzw. 2. ___________ Formel anwenden.
4. Äußere Klammer ausmultiplizieren und den Wert für e bestimmen.

Bestimme den Scheitelpunkt.

$y = 2x^2 - 12x + 22$

$y = 2(x^2 -$ 6x $x) + 22$

$y = 2(x^2 -$ 6x + 9 − 9 $) + 22$

$y = 2((x$ −3 $)^2$ −9 $)$ +22

$y =$ 2 $(x$ −3 $)^2$ 4

$y =$ 2 $(x$ −3 $)^2$ 4

Scheitelpunkt S(−3 | 4)

$y = x^2 + 4x$

$y = x^2 + 4x$ ______

$y = (x$ ______ $)^2$ ______ S(______ | ______)

Näherungsweises grafisches Lösen quadratischer Gleichungen

1. Die _______________ der Funktion $y = x^2 + px + q$ bzw. $y = ax^2 + bx + c$ am Graph ablesen. Sie sind die Lösungen der Gleichung $x^2 + px + q = 0$ bzw. $ax^2 + bx + c = 0$.

2. Die _________________ der Funktionen $y = x^2$ und $y = -px - q$ grafisch bestimmen. Die x-Werte der Schnittpunkte sind Lösungen der Gleichung $x^2 = -px - q$ und von $x^2 + px + q = 0$. Die Gleichung $ax^2 + bx + c = 0$ muss vor dem Umformen durch a dividiert werden.

Löse die Gleichung $x^2 + x - 1{,}25 = 0$ zeichnerisch.

1.

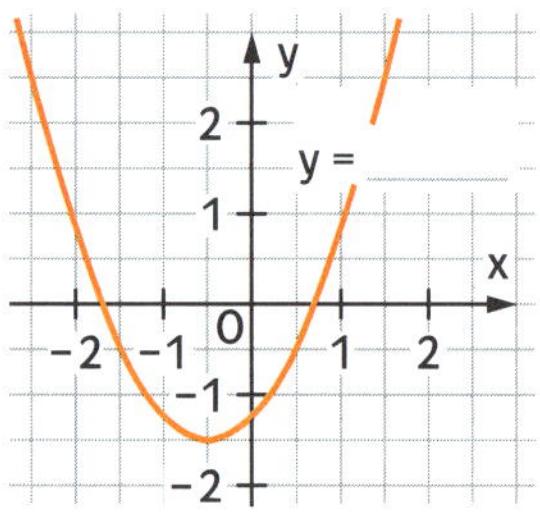

$x_1 \approx$ ______ ; $x_2 \approx$ ______

2.

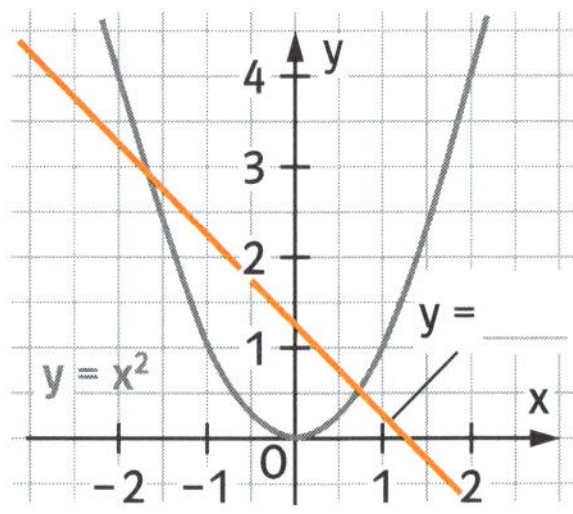

$x_1 \approx$ ______ ; $x_2 \approx$ ______

Exaktes Lösen quadratischer Gleichungen

1. $x^2 - e = 0$
Umformen und _____________ liefert die Lösungen $x_1 = \sqrt{e}$ und $x_2 = -\sqrt{e}$.

2. $x^2 - bx = 0$
Ausklammern von x (_________________) liefert $x \cdot (x - b) = 0$. Da ein Produkt nur den Wert 0 annimmt, wenn mindestens ein Faktor 0 ist, erhält man die Lösungen $x_1 = 0$ und $x_2 = b$.

3. $x^2 + px + q = 0$ (_____________)
Anwenden der pq-Formel liefert die Lösungen
$x_1 = -\frac{p}{2} + \sqrt{\left(\frac{p}{2}\right)^2 - q}$ und $x_2 = -\frac{p}{2} - \sqrt{\left(\frac{p}{2}\right)^2 - q}$.

4. $ax^2 + bx + c = 0$ (___________ Form)
Umformen in die Normalform durch _________ mit a ($a \neq 0$) und Anwenden der pq-Formel.

Bestimme rechnerisch die Lösungen.

1. $x^2 - 9 = 0$ | ______

______ = ______

$x_1 =$ ______ ; $x_2 =$ ______

2. $x^2 - 5x = 0$

$x \cdot ($ ______ $) = 0$

$x_1 =$ ______ ; $x_2 =$ ______

3. $x^2 + x - 1{,}25 = 0$ (vergleiche grafische Lösung)

$x_{1,2} = -\frac{\square}{2} \pm \sqrt{\left(\frac{\square}{2}\right)^2 - \square} =$ ______________

$x_1 =$ ______ ; $x_2 =$ ______

4. $0{,}5x^2 - 2x - 2{,}5 = 0$ | ______

x^2 ____________ $= 0$

$x_{1,2} =$ ______________________

$x_1 =$ ______ ; $x_2 =$ ______

1 Zeichne ein ähnliches Dreieck mit dem Maßstab 3 : 2 (Vergrößerungsfaktor $\frac{3}{2}$).
Miss anschließend die Winkel und überzeuge dich davon, dass sie jeweils gleich sind.

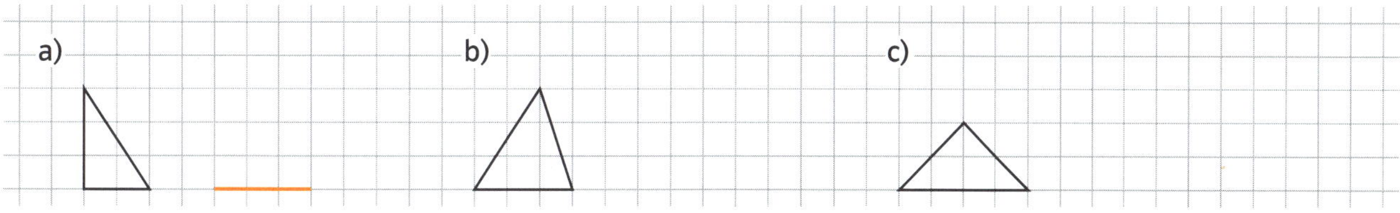

90° ; ______ ; ______   ______ ; ______ ; ______   ______ ; ______ ; ______

2 Zeichne ein ähnliches Rechteck mit dem Maßstab 2 : 3 (Vergrößerungsfaktor $\frac{2}{3}$).

Ist der Vergrößerungsfaktor kleiner als 1, so wird die Figur verkleinert.

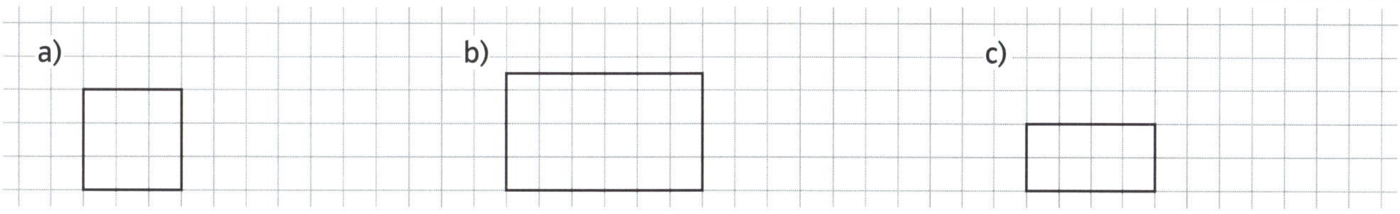

3 Der Eiffelturm in Paris ist 321 m hoch. Im Bild rechts ist er nur ______ mm hoch. Die Abbildung ist also im Maßstab ______ verkleinert. Der Vergrößerungsfaktor ist ______ .

4 Auf dem Display einer Digitalkamera ist eine Mücke 2 cm lang. In Wirklichkeit misst sie 9 mm. Ein Elefant kann bis zu 10 m lang und 4 m hoch werden. Welche Abmessungen müsste eine Plakatwand etwa haben, damit ein Elefant im selben Maßstab (______) wie die Mücke vergrößert dargestellt werden könnte?

Plakatwand: ______ m × ______ m

5 a) Konstruiere in der Mitte ein Dreieck mit $a = 4{,}4\,\text{cm}$; $b = 4\,\text{cm}$ und $c = 3{,}6\,\text{cm}$.
b) Konstruiere rechts daneben ein dazu ähnliches Dreieck mit $c' = 4{,}5\,\text{cm}$.

(Vergrößerungsfaktor: ______)

Berechne zunächst die übrigen Seitenlängen des ähnlichen Dreiecks: a' = ______ cm; b' = ______ cm.

c) Konstruiere links daneben ein ähnliches Dreieck mit $a'' = 1{,}1\,\text{cm}$. (Vergrößerungsfaktor: ______)

Übrige Seitenlängen des ähnlichen Dreiecks: b'' = ______ cm; c'' = ______ cm.

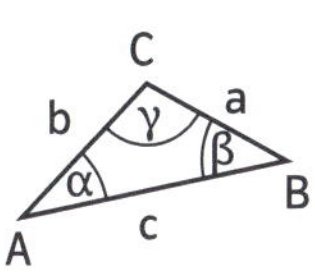

Zentrische Streckung

1 Führe eine zentrische Streckung mit dem Streckzentrum S und mit dem Streckfaktor k = 2 aus.

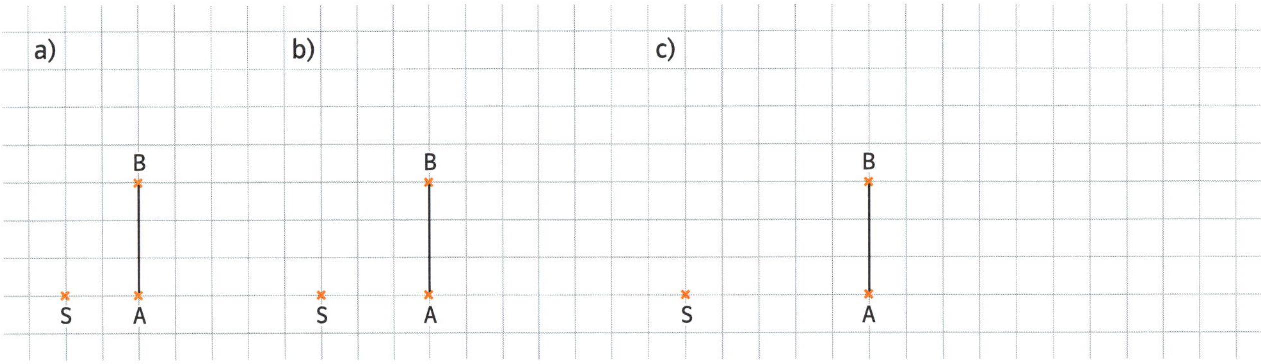

Unabhängig von der Lage des Streckzentrums S hat die Bildstrecke stets die ______________________

______________________ der Ausgangsstrecke.

2 Prüfe, ob die orange Figur durch eine Streckung entstanden sein kann. Zeichne gegebenenfalls das Streckzentrum S ein und gib den Streckfaktor k an.

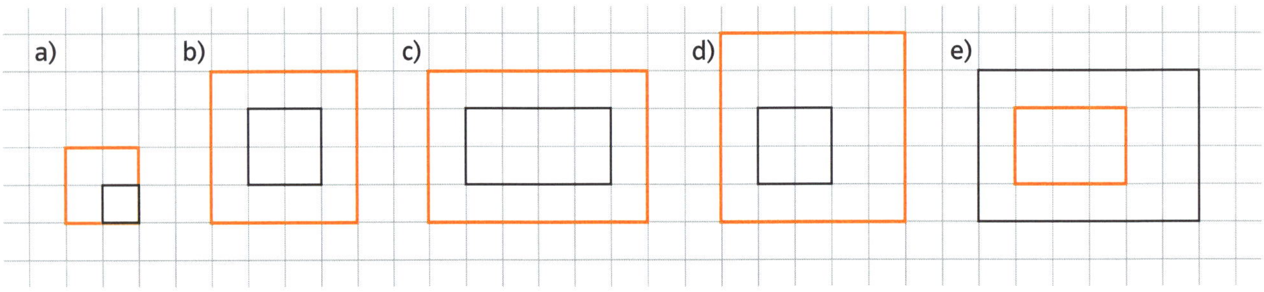

k = ________ k = ________ k = ________ k = ________ k = ________

3 a) Zeichne das Bild des Dreiecks ABC bei einer zentrischen Streckung mit Streckzentrum A und Streckfaktor 1,5. Benenne die Eckpunkte des Bilddreiecks mit A, B′ und C′.
b) Bilde dann das Dreieck AB′C′ mit dem Streckzentrum B′ und dem Streckfaktor 2 auf das Dreieck A″B′C″ ab (in einer anderen Farbe).

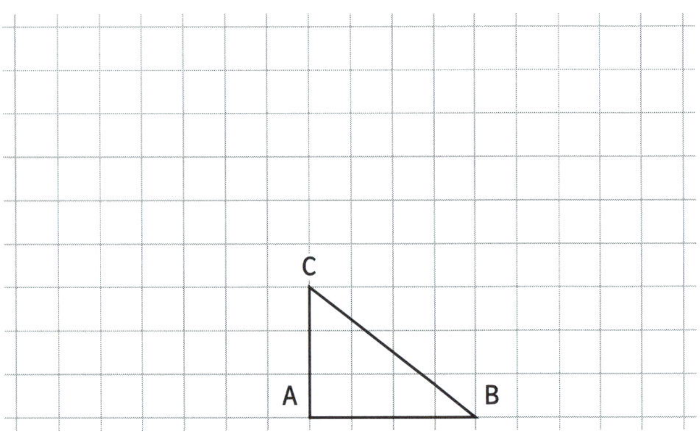

c) Gibt es eine zentrische Streckung, mit der das Dreieck ABC direkt auf das Dreieck A″B′C″ abgebildet werden kann? Wenn ja, zeichne das Streckzentrum ein und gib den Streckfaktor an.

k = ________

4 Zeichne das Bild bei einer zentrischen Streckung
a) mit dem Streckfaktor 0,75 und dem Streckzentrum S.
b) mit dem Streckfaktor 1,5 und demselben Streckzentrum S (in einer anderen Farbe).

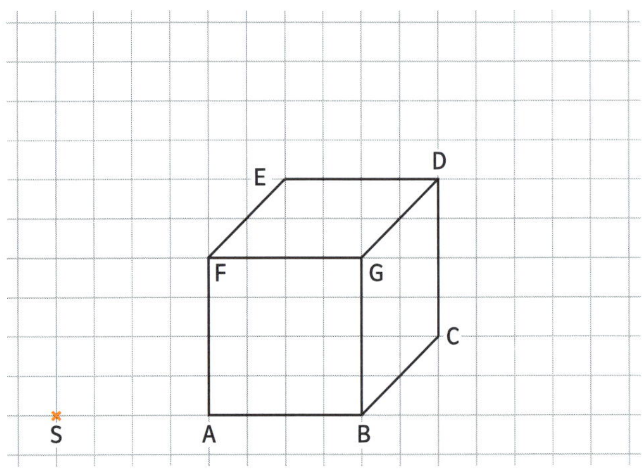

c) Der Streckfaktor von der ersten Bildfigur (Teilaufgabe a) zur zweiten Bildfigur (Teilaufgabe b) ist bei demselben Streckzentrum S

k = ________ .

Ähnliche Dreiecke

1 Zeichne in das Koordinatensystem das Dreieck ABC mit A(6 | 4), B(8 | 4) und C(6 | 5). Bilde das Dreieck durch folgende Ähnlichkeitsabbildungen ab. Verwende dabei unterschiedliche Farben.
a) zentrische Streckung mit dem Streckzentrum A und $k = 3$, Drehung um A um 180°
b) zentrische Streckung mit dem Streckzentrum B(8 | 4) und $k = 2$, Drehung um B um 90°
Um von der Bildfigur von Teilaufgabe b) direkt zur Bildfigur von Teilaufgabe a) zu gelangen, muss man folgendermaßen vorgehen:

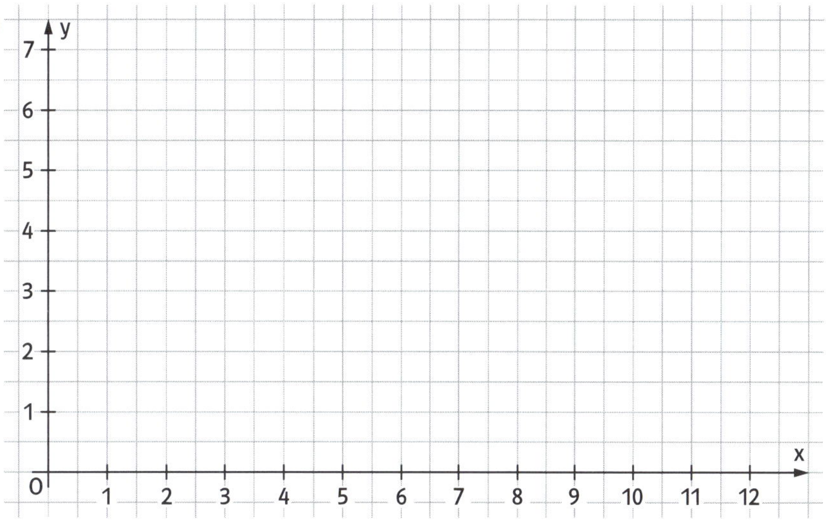

Streckung mit $k =$ ______ , Drehung um ______ ° und anschließende Verschiebung.

2 Zwei Pfähle der Länge 3 m und 2 m stehen im Abstand von 5 m. Der Fuß des einen Pfahls wird mit der Spitze des anderen durch ein Seil verbunden und umgekehrt.
a) In der Figur kannst du zwei Paare von ähnlichen Dreiecken entdecken: Dreieck ABE ist ähnlich zu Dreieck ______ ,
und Dreieck ______ ist ähnlich zu Dreieck ______ .
b) Ergänze die beiden Gleichungen unter der Zeichnung, löse sie nach h auf und bestimme mit dem Gleichsetzungsverfahren die Lösung des Gleichungssystems.
c) Wenn die beiden Pfähle statt 5 m nun 10 m auseinander stehen, in welcher Höhe treffen sich dann die beiden Seile? Schätze zunächst und rechne dann.

☐ höher ☐ tiefer ☐ in gleicher Höhe

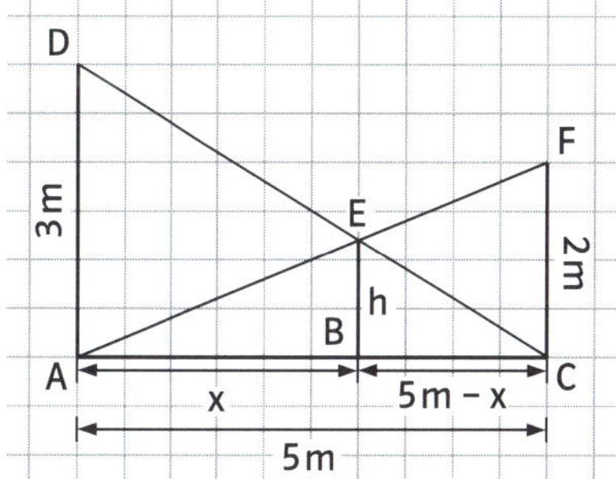

$\frac{h}{3\,m} =$ ______ ; $h =$

$\frac{h}{2\,m} =$ ______ ; $h =$

Die Seile treffen sich in der Höhe h = ______ m.
d) Vermutung: Die beiden Seile treffen sich immer ______________________ , egal wie weit die beiden Pfähle auseinander stehen. Nenne den Abstand der beiden Pfähle a und rechne wie oben im Heft.

3 a) Weise nach, dass die beiden Dreiecke ähnlich sind, indem du alle Winkel in Abhängigkeit von α ausdrückst.

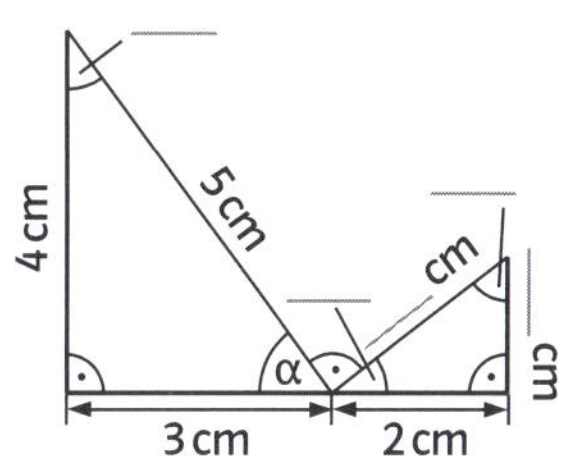

b) Berechne die fehlenden beiden Seitenlängen, indem du diese Ähnlichkeit ausnützt.

1 Ergänze die Gleichungen zu der Strahlensatzfigur.

a)

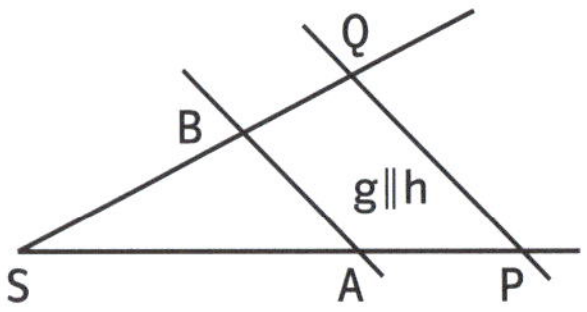

$\frac{\overline{SA}}{\overline{SP}} = \frac{\overline{SB}}{\square} = \frac{\overline{AB}}{\square}$

$\frac{\overline{BQ}}{\overline{SB}} = \frac{\square}{\square}$

b)

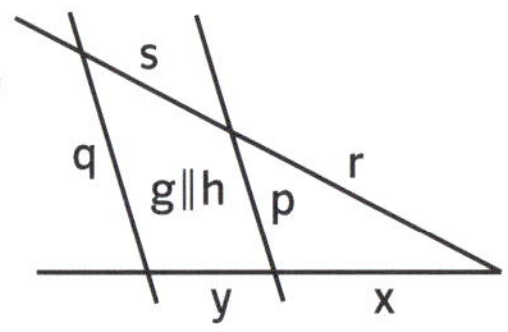

$\frac{x}{y} = \frac{\square}{\square}$

$\frac{x}{x+y} = \frac{r}{\square} = \frac{\square}{\square}$

2 In den orangen Lösungen stecken insgesamt sechs Fehler. Finde und korrigiere sie.

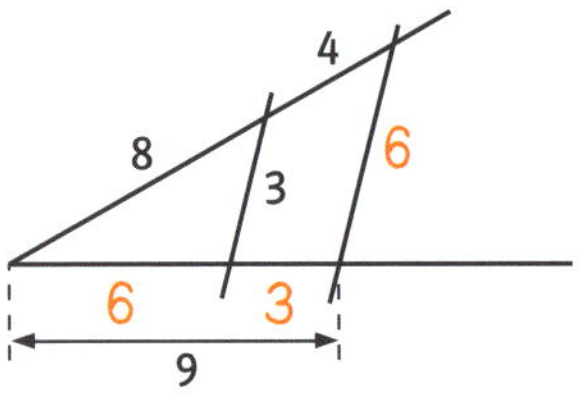

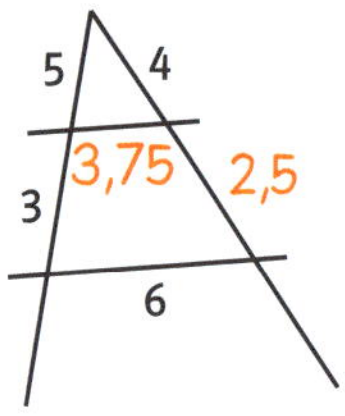

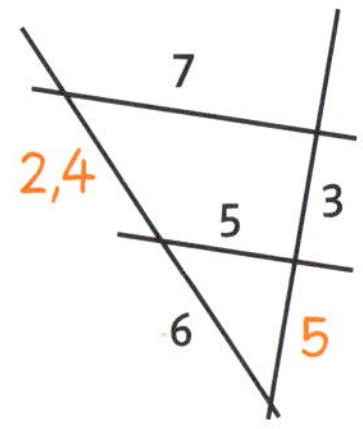

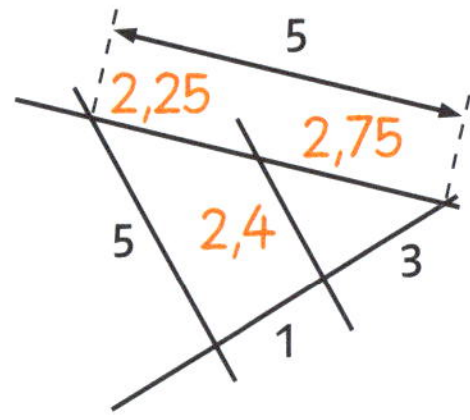

3 Berechne alle fehlenden Stücke. Ergänze dabei zunächst die Strahlensatzgleichungen. In Teilaufgabe b) sind drei Stücke gleich lang.

a)

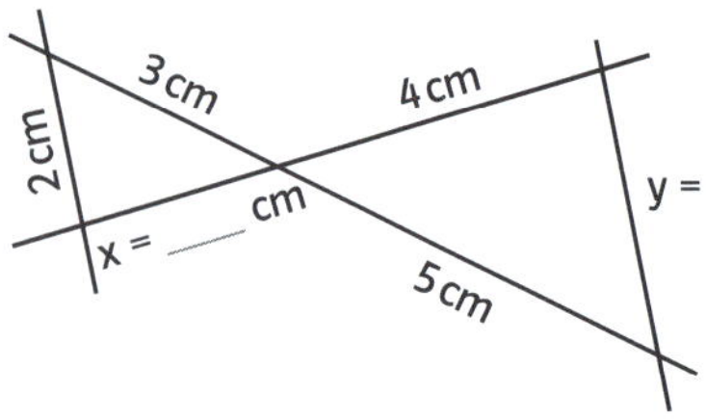

$\frac{x}{4\,cm} = \frac{\square}{\square}$ $\quad$ $\frac{y}{2\,cm} = \frac{\square}{\square}$

x = ________ cm $\quad$ y = ________ cm

b)

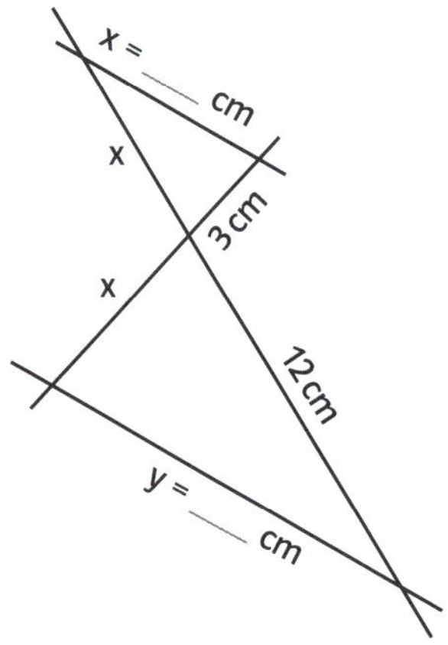

$\frac{x}{3\,cm} = \frac{\square}{\square}$

x = ________ cm

$\frac{y}{12\,cm} = \frac{\square}{\square}$

y = ________ cm

4 Berechne die fehlenden Längen. Kennzeichne zunächst die gegebenen Stücke in der Skizze farbig.

Skizze	a) 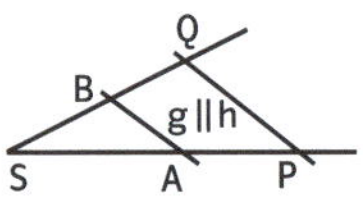	b) 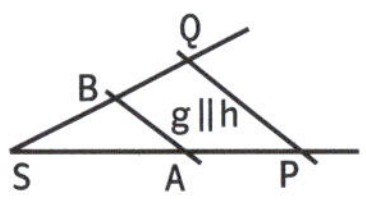	c) 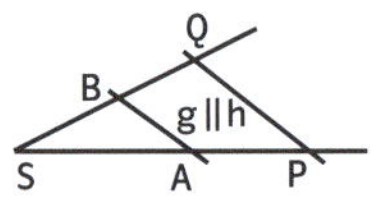	d) 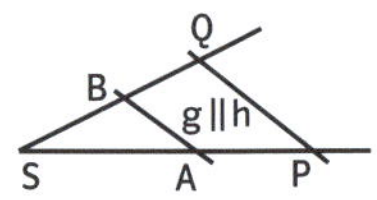
$\overline{SA}$	6 cm	3 mm		10 dm
$\overline{SP}$	10 cm		3 dm	
$\overline{SB}$	8 cm		15 cm	0,5 m
$\overline{SQ}$		8 mm		7 dm
$\overline{AB}$	3 cm	2 mm	0,7 dm	
$\overline{PQ}$		4 mm	10,5 cm	84 cm

Strahlensätze (2)

1 Ergänze zu der Strahlensatzfigur die Verhältnisgleichungen so oft wie vorgegeben.

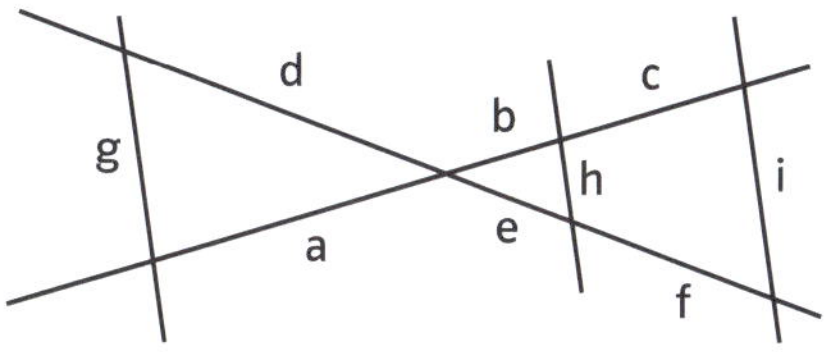

$\frac{b+c}{b} = \frac{\square}{\square}$

$\frac{h}{i} = \frac{\square}{\square} = \frac{\square}{\square}$

$\frac{i}{b+c} = \frac{\square}{\square} = \frac{\square}{\square}$

$\frac{b}{e} = \frac{\square}{\square} = \frac{\square}{\square}$

2 Berechne die drei fehlenden orange markierten Stücke mithilfe der Strahlensatzgleichungen. Konstruiere zur Kontrolle die Figur in Originalgröße. Eine Seite ist schon eingezeichnet.

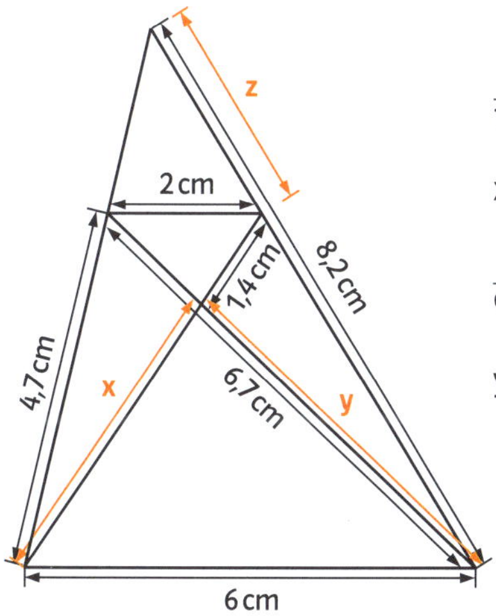

$\frac{x}{1{,}4\,\text{cm}} = \frac{\square}{\square}$

x = ______ cm

$\frac{y}{6\,\text{cm}} = \frac{\square}{\square}$

y ≈ ______ cm

____

____

$\frac{z}{8{,}2\,\text{cm}} = \frac{\square}{\square}$ z ≈ ______ cm

3 In der nebenstehenden Figur sollen die Längen der Strecken x und y bestimmt werden. Fatih entdeckt im rechten Teil eine Strahlensatzfigur.

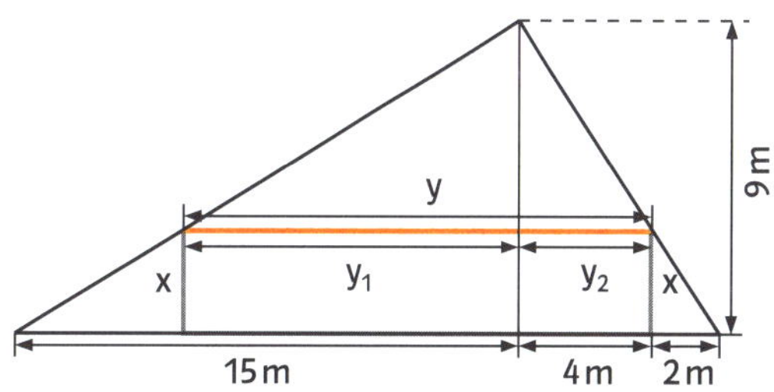

$\frac{x}{9\,\text{m}} = \frac{\square}{\square}$ also: x = ______ m

Zur Berechnung von y zerlegt Fatih die Strecke in die beiden Teilstrecken y_1 und y_2 (siehe Figur). Diese berechnet er wieder mit dem Strahlensatz (das Ergebnis von oben für x einsetzen).

$\frac{y_1}{15\,\text{m}} = \frac{9\,\text{m} - x}{9\,\text{m}} = \frac{\square}{9\,\text{m}}$ also: y_1 = ______ m

$\frac{y_2}{6\,\text{m}} = \frac{9\,\text{m} - x}{9\,\text{m}} = \frac{\square}{9\,\text{m}}$ also: y_2 = ______ m

Also: $y = y_1 + y_2$ = ______ m + ______ m = ______ m

Lazaros meint, er könne die Länge der Strecke y in nur einem Schritt berechnen, indem er sie zur gesamten Grundseite der Figur ins Verhältnis setzt.

$\frac{y}{21\,\text{m}} = \frac{9\,\text{m} - x}{9\,\text{m}} = \frac{\square}{9\,\text{m}}$ also: y = ______ m

Überlege, warum Lazaros' Idee Erfolg hat und formuliere den verallgemeinerten Strahlensatz:
In jeder Strahlensatzfigur mit drei oder mehr Strahlen verhalten sich die Abschnitte auf den ______________________ wie die vom Anfangspunkt aus gemessenen entsprechenden Abschnitte auf jedem Strahl.

1 Eine Mauer wirft zu einer bestimmten Uhrzeit einen Schattenstreifen, der 9,4 m breit ist. Luc stellt sich so in diesen Schattenraum, dass er gerade keinen sichtbaren Schatten mehr erzeugt. Luc ist 1,75 m groß und steht 8 m von der Mauer entfernt. Ergänze die Zeichnung, stelle eine Strahlensatzgleichung auf und berechne die Höhe h der Mauer.

h = ______ m

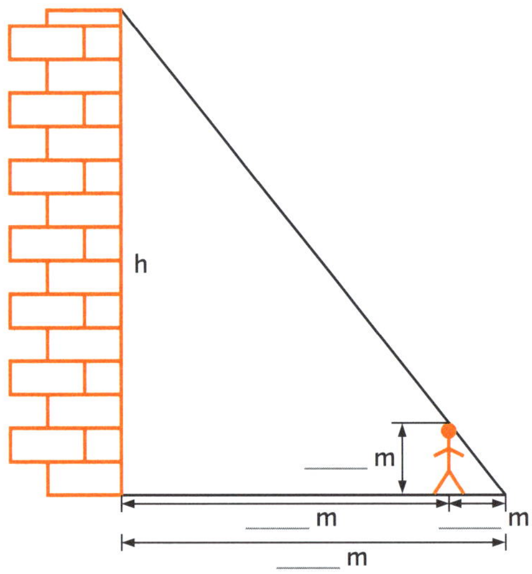

2 Bei einer Lochkamera wird das Bild eines Gegenstands mithilfe einer kleinen Öffnung auf einem Schirm (Rückwand der Box) erzeugt. Im Physikunterricht wird meist das Bild einer Kerzenflamme untersucht.

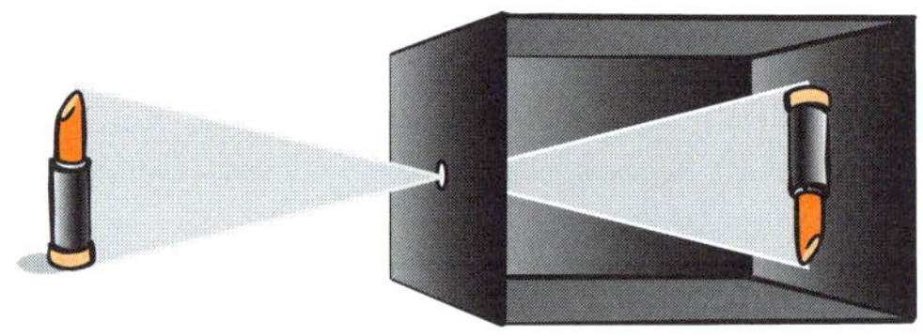

a) Wenn der Abstand vom Loch zum Schirm größer wird, so wird das Bild ☐ größer/☐ kleiner/☐ gleich groß.

b) Wird der Abstand vom Gegenstand zum Loch größer, so wird das Bild ☐ größer/☐ kleiner/☐ gleich groß.

c) Ein Lippenstift ist 6 cm hoch und der Abstand vom Loch zum Schirm beträgt 10 cm. Damit das Bild des Lippenstifts 1 cm groß wird, muss er ______ cm vor dem Loch platziert werden.

3 Johanna ist bei der Schulaufführung eines Schattentheaters beteiligt. Sie wird von einem Scheinwerfer angestrahlt und ihr Schatten fällt auf eine Leinwand, die sich zwischen ihr und dem Publikum befindet.

a) Wenn sich Johanna der Leinwand nähert, so wird ihr Schatten ______________ (größer/kleiner).

b) Johanna stellt sich genau in die Mitte zwischen Scheinwerfer und Leinwand. Ihr Schatten ist dann

______________________________ wie sie.

c) Nun stellt sie sich so, dass es 3 m bis zum Scheinwerfer und 7 m bis zur Leinwand sind. Johanna ist 1,59 m groß. Johannas Schatten ist dann ______ m groß. (Rechne und zeichne rechts.)

4 Kim sieht aus dem Fenster des Klassenzimmers einen Kirchturm. Bei ausgestrecktem Arm verdeckt ihre waagerechte Daumenbreite den Turm gerade vollständig. Sie überlegt, ob sie mithilfe der Strahlensätze berechnen kann, wie hoch der Kirchturm ist. Sie misst ihre Daumenbreite (12 mm) und die Länge ihres ausgestreckten Arms (70 cm). Welche Angabe fehlt ihr, damit sie die Höhe des Kirchturms berechnen kann?

____

Fülle die Lücken. Für jeden Buchstaben findest du einen Strich. Löse dann die Beispielaufgaben.

Ähnliche Figuren

Zwei Figuren heißen ähnlich, wenn die Längenverhältnisse entsprechender _ _ _ _ _ _ _ und entsprechende _ _ _ _ _ _ _ gleich groß sind.

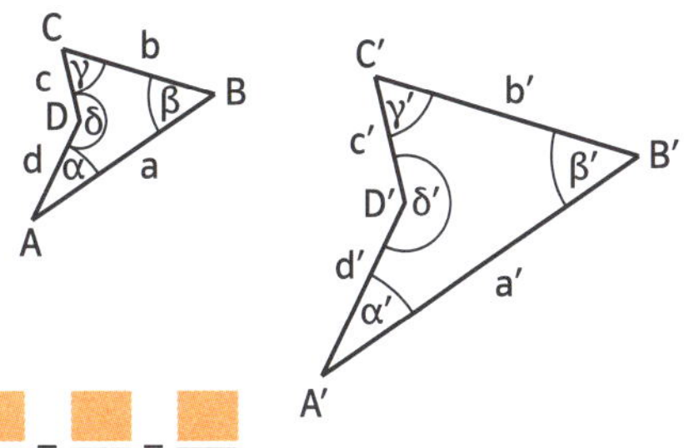

$\alpha = \alpha'$

$\beta =$ ____

$\gamma =$ ____

$\delta =$ ____

$\frac{a}{a'} = \frac{\square}{\square} = \frac{\square}{\square} = \frac{\square}{\square}$

Ähnliche Dreiecke

Um die Ähnlichkeit von Dreiecken zu überprüfen, reicht es aus zu überprüfen, ob entweder
- die entsprechenden Winkel gleich groß sind

oder
- die entsprechenden Seitenverhältnisse gleich sind.

$\alpha = \alpha'$

$\beta =$ ____

$\gamma =$ ____

$\frac{a}{a'} = \frac{\square}{\square} = \frac{\square}{\square}$

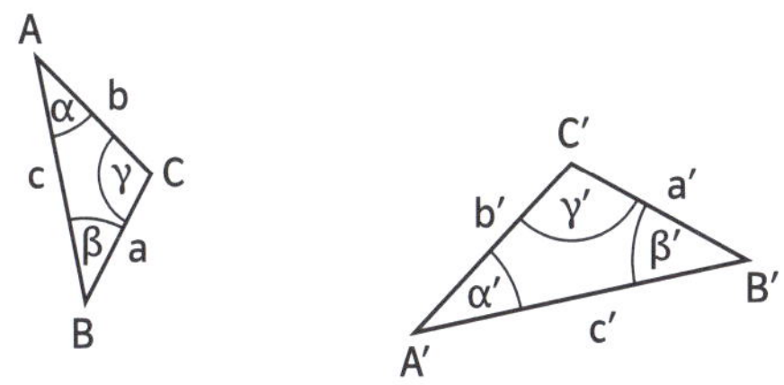

Zentrische Streckung

Durch ein Streckzentrum Z und einen Streckfaktor k ist eine zentrische Streckung festgelegt.
- Zeichne Geraden von Z aus durch alle Punkte A, B, C, … der Ausgangsfigur.
- Die entstandenen Strecken $\overline{ZA}$, $\overline{ZB}$, $\overline{ZC}$, … werden mit k vergrößert oder verkleinert.
- Verbinde die neuen Punkte A', B', C', …

Ist k negativ, so liegen die Bildpunkte auf der anderen Seite von Z.

■ Im Bild ist k = ____ . Führe eine weitere zentrische Streckung des Dreiecks ABC mit k = −1,5 aus.

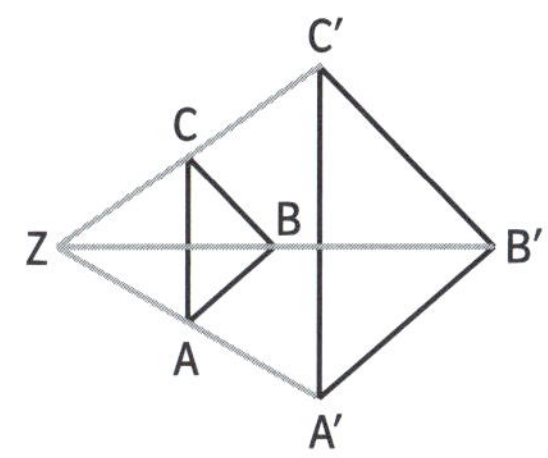

Strahlensätze

1. Strahlensatz:
   In jeder Strahlensatzfigur verhalten sich die von S aus gemessenen Abschnitte auf dem einen Strahl wie die entsprechenden Abschnitte auf dem anderen Strahl.
2. Strahlensatz:
   In jeder Strahlensatzfigur verhalten sich die Abschnitte auf den Parallelen wie die von S aus gemessenen entsprechenden Abschnitte auf jedem Strahl.

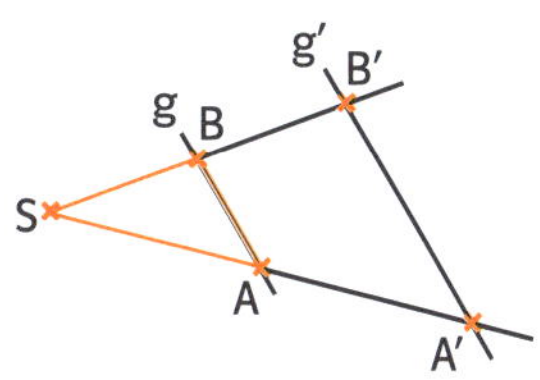

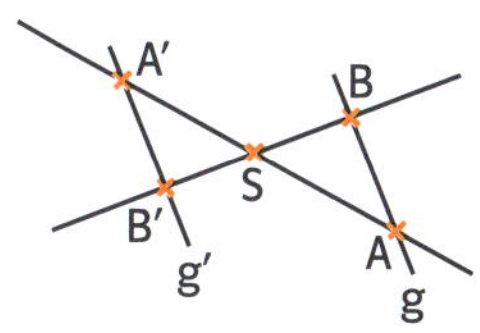

g' ∥ g

$\frac{\overline{SB}}{\overline{SB'}} = \frac{\square}{\square}$

$\frac{\overline{AB}}{\overline{A'B'}} = \frac{\overline{SA}}{\square}$

1 Trage die fehlende quadratische Ergänzung ein und bringe die Funktionsgleichung in Scheitelform.

a) $y = x^2 - 16x + 44$

$y = x^2 - 16x + 8^2 - 8^2 + 44$

$y = (x - 8)^2 - 20$

b) $y = x^2 + 14x$

y = ______

y = ______

c) $y = 2x^2 - 4x + 22$

$y = 2(x^2 - 2x$ ______ $) + 22$

$y = 2((x$ ______ $)^2$ ______ $)$ ______

y = ______

d) $y = -\frac{1}{2}x^2 - \frac{1}{4}x$

$y = -\frac{1}{2}\left(x^2 + \frac{1}{2}x\right.$ ______ $\left.\right)$

$y = -\frac{1}{2}((x$ ______ $)^2$ ______ $)$

y = ______

2 Löse die Gleichung rechnerisch. Wandle gegebenenfalls erst in die Normalform um.

a) $x^2 - 2x + 1 = 0$

______

p = ______ , q = ______

$x_{1,2}$ = ______

______

x_1 = ______ und x_2 = ______

b) $0{,}5z^2 + 4z + 7{,}5 = 0$

______

p = ______ , q = ______

$z_{1,2}$ = ______

______

z_1 = ______ und z_2 = ______

c) $-x^2 - 7x + 4 = x^2$

______

______

p = ______ , q = ______

$x_{1,2}$ = ______

______

x_1 = ______ und x_2 = ______

3 Gib den Vergrößerungsfaktor an.

a) 60 mm → 15 cm k = ______

b) 0,04 mm → 1,24 cm k = ______

c) 3 km → 1 dm k = ______

d) 200 m → 1 cm k = ______

4 Führe eine zentrische Streckung mit dem Streckzentrum S und dem Streckfaktor 0,5 aus.

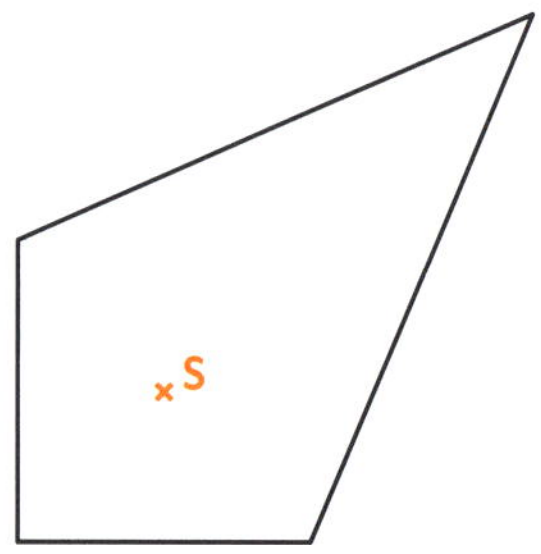

5 Auf einem Foto ist Ann-Kathrin 8 cm groß, in Wirklichkeit jedoch 168 cm. Der Streckfaktor ist ______. Ihr Hund ist auf dem Foto 1,5 cm groß, in Wirklichkeit ______ cm.

6 Berechne die fehlenden Seitenlängen.

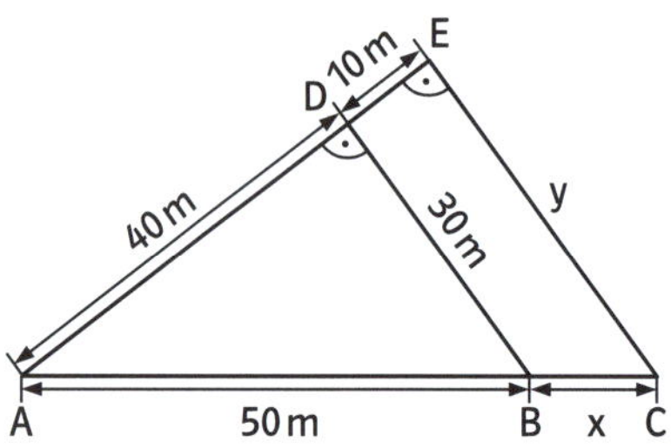

1 Markiere im Dreieck den rechten Winkel durch das bekannte Zeichen und die Hypotenuse farbig.

a)
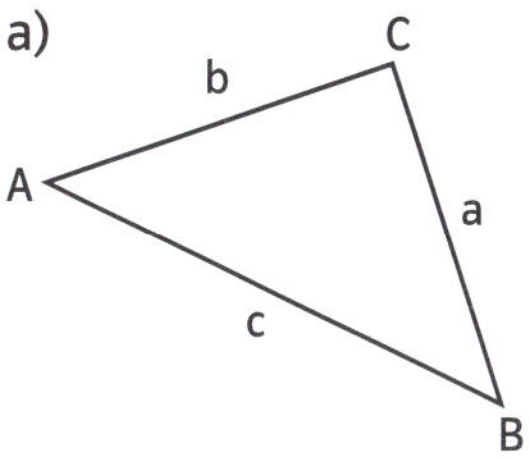

b)
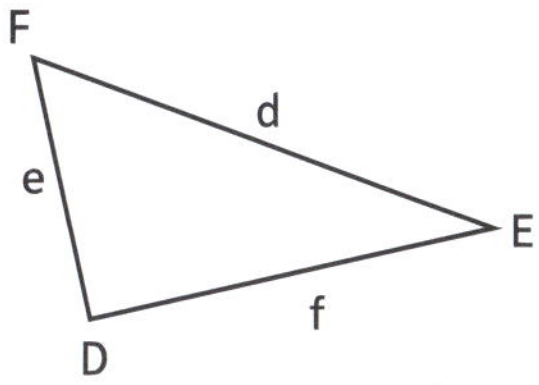

c)
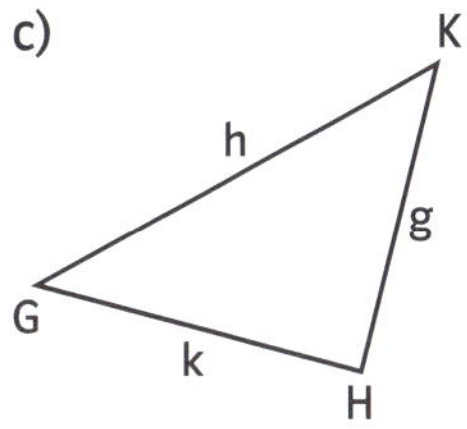

d)
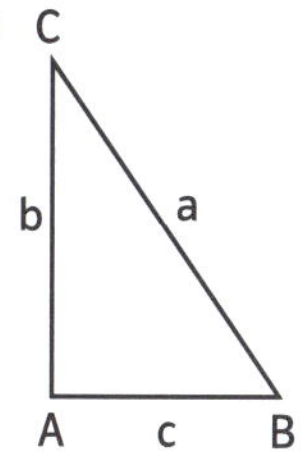

2 Notiere für das obige Dreieck den Satz des Pythagoras mit den entsprechenden Seitenbezeichnungen.

a) ____________ b) ____________ c) ____________ d) ____________

3 Berechne die fehlende Seitenlänge. Die zugehörige Skizze findest du in Aufgabe 1.

a) a = 5 cm; c = 13 cm

$b^2 = c^2 - a^2$

$b^2 = (13\,cm)^2 - (5\,cm)^2$

$b^2 = 169\,cm^2 - 25\,cm^2$

$b^2 = 144\,cm^2$

$b = 12\,cm$

b) e = 6 cm; f = 8 cm

c) g = 6 cm; h = 8 cm

d) a = 11 cm; b = 10 cm

4 Ergänze die Tabelle. Rechne im Heft und mit dem Taschenrechner. Runde auf eine Nachkommastelle.

	a)	b)	c)	d)	e)	f)	g)
erste Kathete	10 cm	11 cm		70 cm	99 cm	15 mm	1 km
zweite Kathete	5 cm		12 m		2 dm		2 km
Hypotenuse		15 cm	21 m	25 dm		1,7 cm	

5 Entscheide durch eine Rechnung, welche der Dreiecke rechtwinklig sind. Markiere gegebenenfalls den rechten Winkel in der Zeichnung durch das bekannte Zeichen.

a)
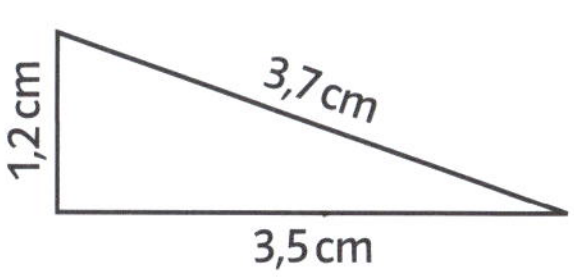

$3{,}5^2 + 1{,}2^2 =$

$3{,}7^2 =$

b)
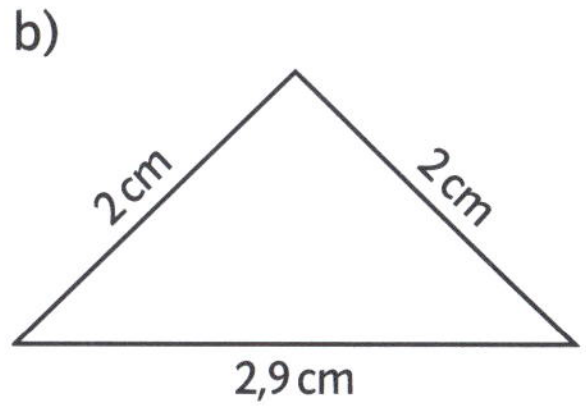

c)
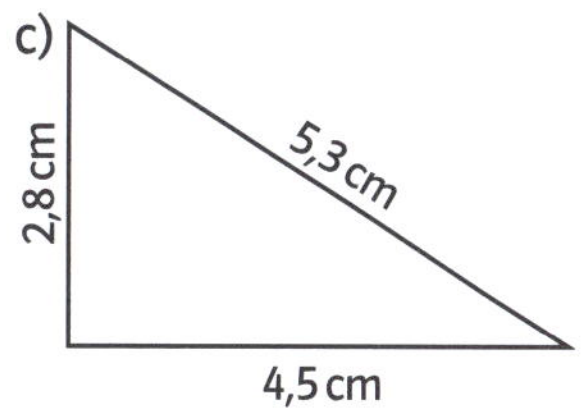

d)
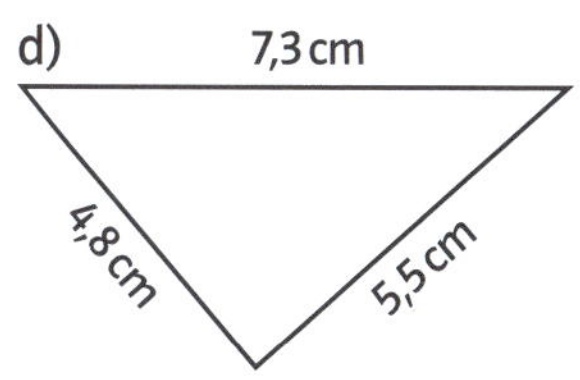

6 Suche in den Figuren rechtwinklige Dreiecke und formuliere für diese den Satz des Pythagoras.

a)
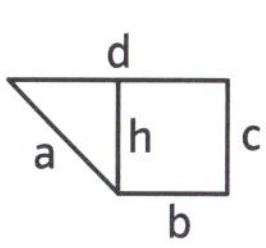

b)
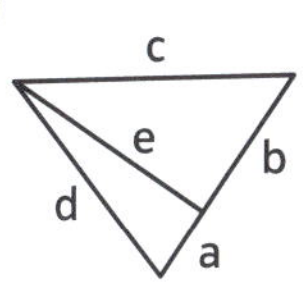

c)
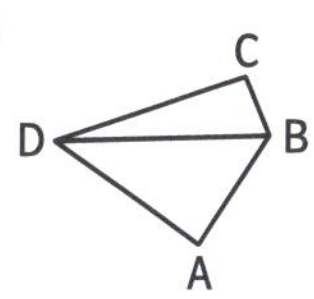

1 Berechne die Längen der farbig gekennzeichneten Strecken.

a)

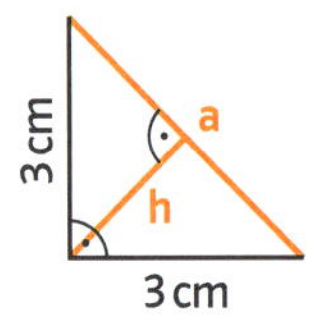

$(3\,\text{cm})^2 + (3\,\text{cm})^2 = a^2$

$= a^2$

$a \approx$

$h^2 +$ ______ $= (3\,\text{cm})^2$

$h \approx$ ______ cm

b)

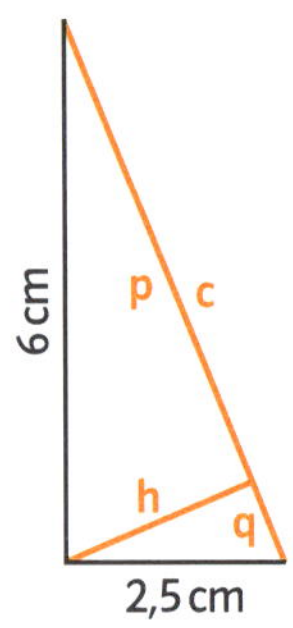

c)

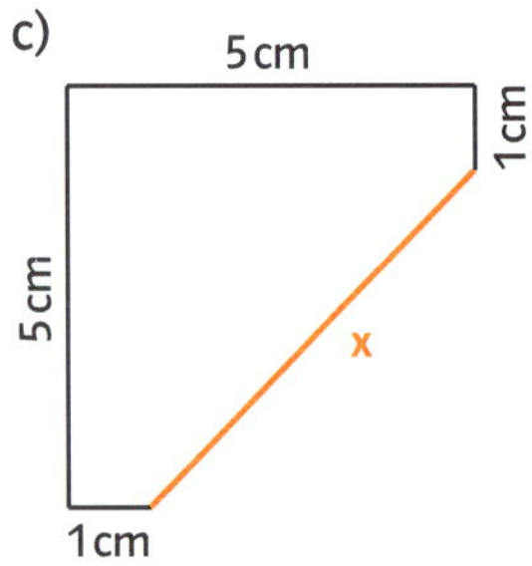

2 Flächeninhalt und Umfang des orangen Dreiecks sind gesucht. Die Punkte A und C sind jeweils die Seitenmitten. Schätze zunächst, wie viel Prozent des Rechtecks gefärbt ist.

- ☐ 30 %
- ☐ 40 %
- ☐ 50 %
- ☐ 60 %

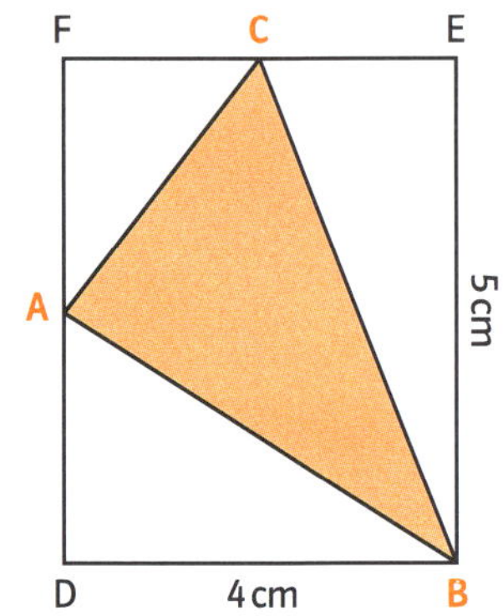

a) Berechne den Flächeninhalt der drei weißen rechtwinkligen Teildreiecke.

$A_{ADB} =$

$A_{BEC} =$

$A_{ACF} =$

Du erhältst die orange Fläche, indem du die weißen Flächen vom Rechteck subtrahierst.

$A_{orange} =$

Der gefärbte Anteil beträgt ______ %.

b) Für den Umfang musst du die drei Seitenlängen einzeln berechnen (runde auf eine Nachkommastelle) und addieren.

3 In einem Rechteck ist die eine Seite 20 cm lang und die andere Seite ist um 8 cm kürzer als die Diagonale. Vervollständige die Skizze und bestimme die Länge der Diagonalen und die der anderen Seite.

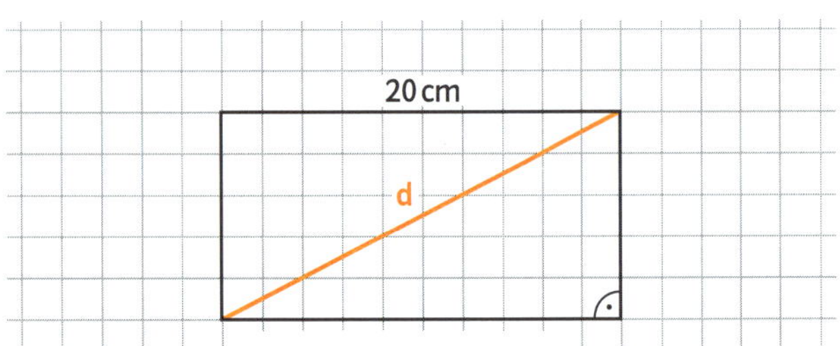

$(20\,\text{cm})^2 +$ ______ $= d^2$

4 Bestimme die fehlenden Stücke des Drachens sowie seinen Flächeninhalt. Beginne mit der Strecke f_1.

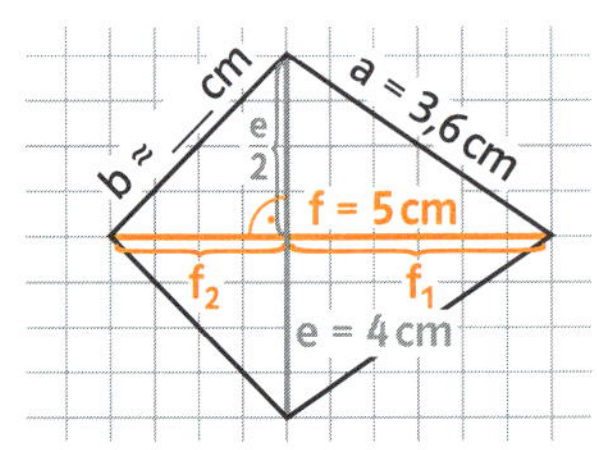

1 Von einem rechtwinkligen Dreieck sind die Länge der Hypotenuse (c = 5 cm) und die eines Hypotenusenabschnitts (p = 1,8 cm) bekannt. Berechne die Längen der beiden Katheten.

$a^2 = c \cdot p$ = ___ · ___ = ___ , also a = ___

b^2 = _ · _ = ___ · ___ = ___ , also b = ___

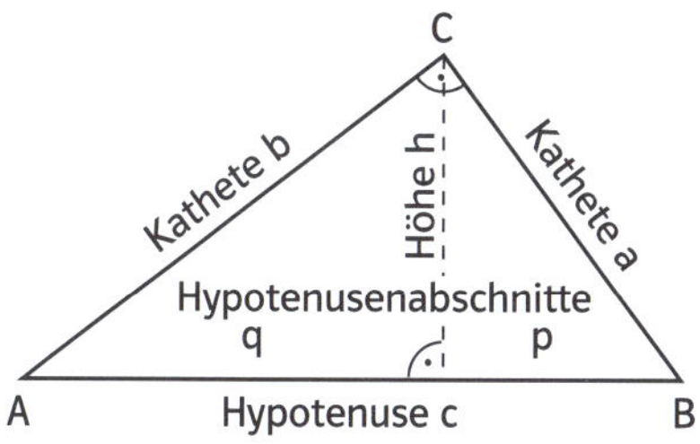

2 Notiere den Höhensatz mit den in der Skizze vorkommenden Bezeichnungen.

a)

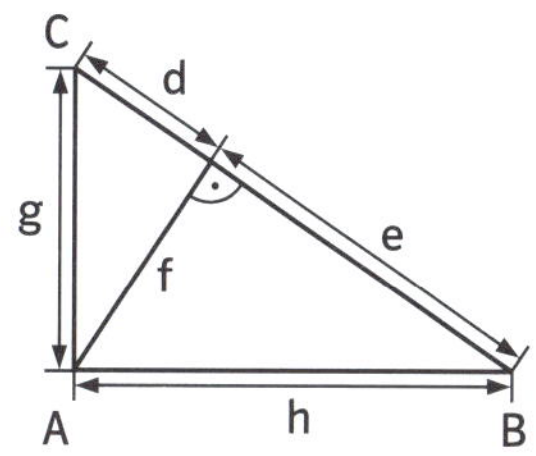

___ = ___

b)

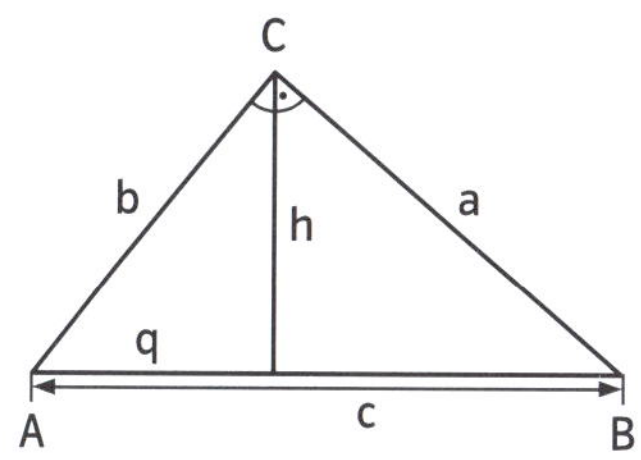

h^2 = ___

3 Berechne mithilfe des Kathetensatzes die fehlenden Stücke des rechtwinkligen Dreiecks. Runde auf mm.

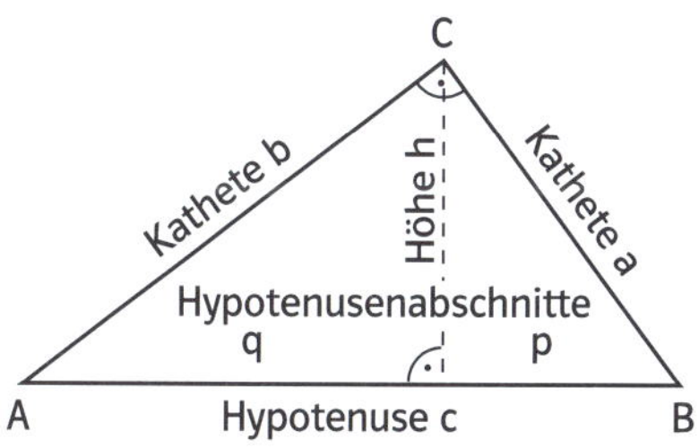

	a	b	c	p	q
a)			7 cm	3 cm	
b)				4 cm	7 cm
c)	3 cm	4 cm	5 cm		
d)	6 cm			4 cm	

4 Gegeben ist das unten abgebildete Rechteck. Konstruiere mithilfe des Höhensatzes ein flächengleiches Quadrat.

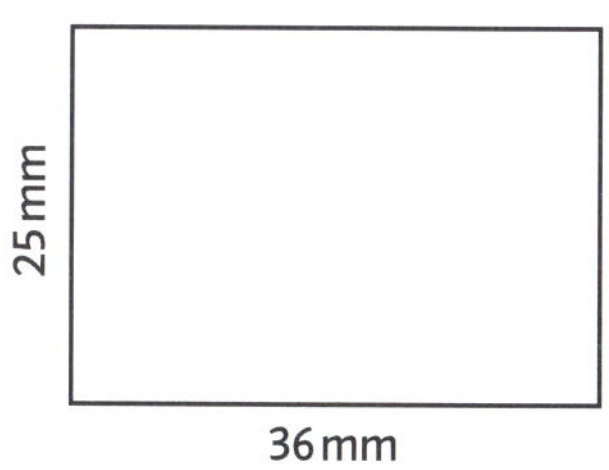

5 Ergänze mithilfe des Höhensatzes (HS) oder des Kathetensatzes (KS) und notiere den verwendeten Satz hinter der Gleichung.

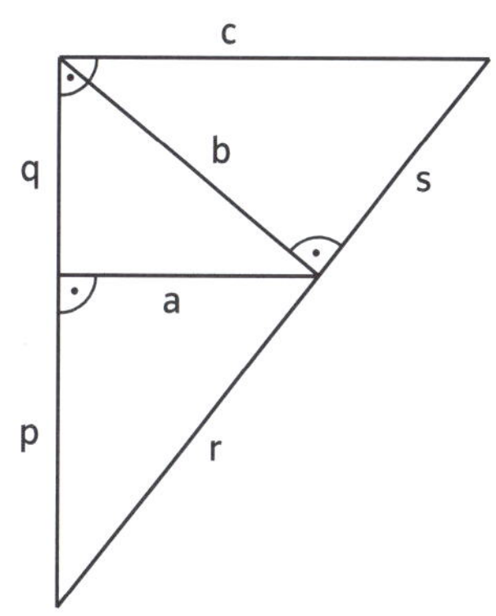

a) b^2 = ___ (HS)

b) c^2 = ___ (___)

c) a^2 = ___ (___)

d) $q \cdot (p + q)$ = ___ (___)

e) r^2 = ___ (___)

f) ___ (___)

6 Die Hypotenuse in dem gegebenen Dreieck soll berechnet werden. Julia hat ihren Lösungsvorschlag auf Kärtchen geschrieben. Bringe diese in die richtige Reihenfolge und finde Julias einzigen Fehler.

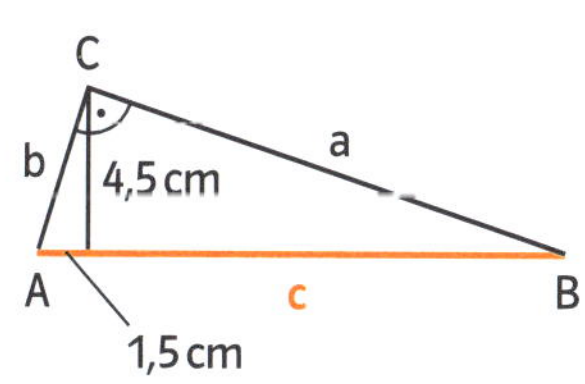

I Hieraus ergibt sich c = 14 cm.

II Mit dem Höhensatz erhalte ich dann $(4{,}5\,cm)^2 = (c - 1{,}5\,cm) \cdot 1{,}5\,cm$.

III Durch Division beider Seiten mit 1,5 cm gibt das 13,5 cm = c − 1,5 cm.

IV Ich kann schreiben p = c − 1,5 cm.

V Um den Höhensatz anwenden zu können, brauche ich beide Hypotenusenabschnitte.

VI Bekannt sind die Höhe und der Hypotenusenabschnitt q.

VI → ___

___

___

1 a) Peter fliegt mit dem Flugzeug in die Ferien. Laut Pilot befindet sich das Flugzeug in einer Flughöhe von 3000 m über dem Meer. Peter fragt sich nun, wie weit er sehen kann. Für die Berechnung stellt er sich die Erde als Kugel mit dem Radius 6370 km vor. Berechne die Sichtweite x.

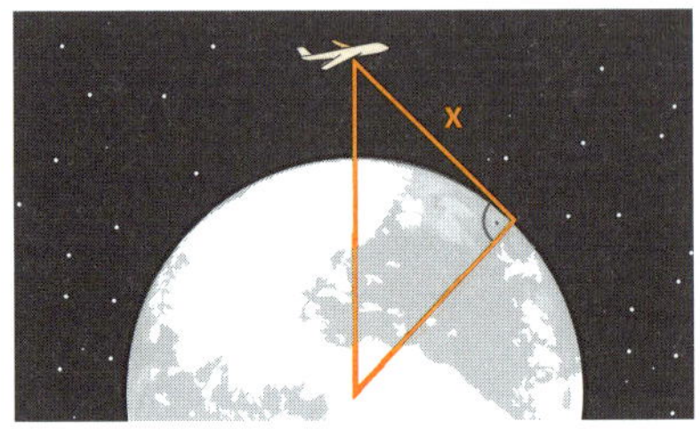

b) Peter möchte wissen, um wie viel Prozent sich die Länge x verändert, wenn das Flugzeug auf eine Flughöhe von 8000 m steigt.

c) Im Urlaub angekommen, steigt Peter auf einen Leuchtturm und schaut auf das Meer hinaus. Er kann gerade noch eine 21 km entfernte Insel sehen. Wie hoch ist der Turm, wenn man annimmt, dass Peter 2 m unterhalb der Leuchtturmspitze steht?

Betrachtet man die Skizze, so erkennt man: Die Länge x ist ________ . Die andere Kathete des Dreiecks ist ________ lang. Die Hypotenuse setzt sich aus der ____________ und dem ____________ zusammen.
Wir bezeichnen die Position von Peter über dem Boden mit h und erhalten nach dem Pythagoras:

$21^2 + 6370^2 =$

Der Leuchtturm ist ungefähr ________ m hoch.

2 a) Eine Standseilbahn führt in zwei Abschnitten (Sektionen) von der Talstation auf den Berg. Berechne die Entfernung zwischen Talstation und Mittelstation.

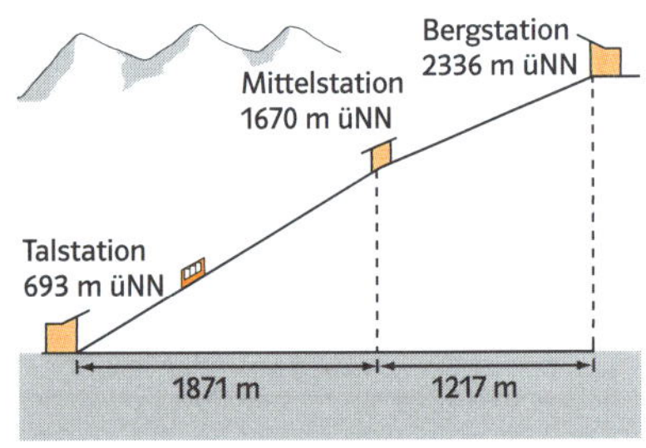

b) Berechne die Länge der Strecke zwischen Mittelstation und Bergstation.

3 a) In einer Stadt benutzen viele Autofahrer auf dem Weg von der Hauptstraße in den Höhenweg die Abkürzung über den Kirchweg. Um wie viel Kilometer kürzt dieser Weg den normalen Weg ab?

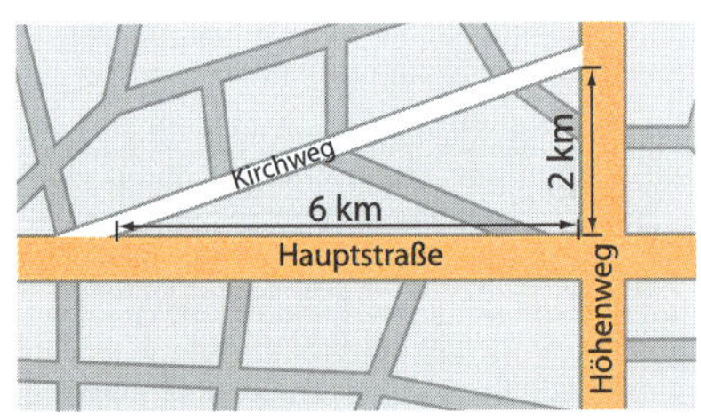

b) Gib die Ersparnis auch in Prozent an.

c) Auf der Hauptstraße und dem Höhenweg beträgt die vorgeschriebene Höchstgeschwindigkeit 50 km/h, in der Nebenstraße darf man maximal 30 km/h fahren. Lohnt sich der Umweg zeitlich? Gib die Zeit in Minuten an. [T1]

4 Berechne Flächeninhalt und Umfang der gefärbten Figur. [T2]

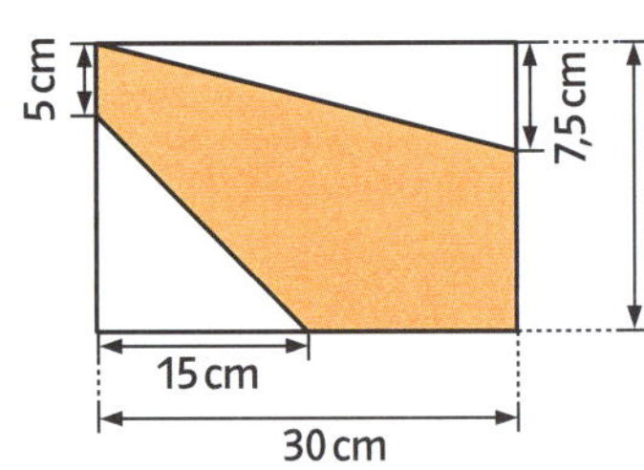

[T2] Berechne zunächst den Flächeninhalt der Dreiecke.

[T1] $v = \frac{s}{t}$

1 In einer Anzeige wird ein Fernseher mit einer Bilddiagonalen von 100 cm im Format 4 : 3 angeboten. Wie hoch ist der Bildschirm dieses Gerätes? Trage die fehlenden Werte des Bildschirms ein.

- ☐ 52,3 cm
- ☐ 60 cm
- ☐ 67,5 cm
- ☐ 75 cm

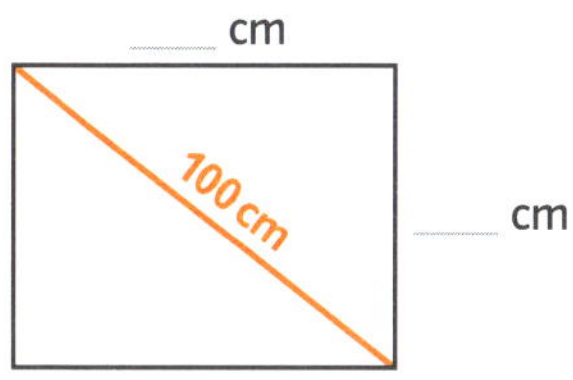

2 Ein Schrank ist 2,40 m hoch, 1,80 m breit und 80 cm tief.
Wie sollte man ihn kippen, um ihn in einem 2,50 m hohen Zimmer aufrichten zu können?

- ☐ auf die schmale Seite legen und dann aufrichten
- ☐ auf die Vorderseite legen und dann aufrichten
- ☐ Man kann ihn auf beide Arten aufrichten.
- ☐ Man kann den Schrank überhaupt nicht aufstellen.

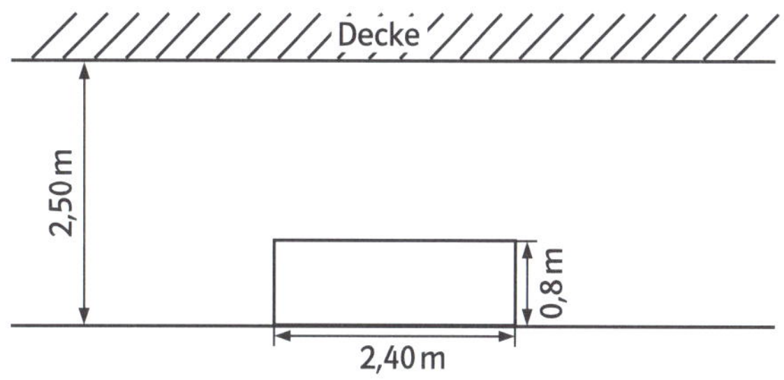

3 In einem Kreis mit Radius r ist eine Sehne $\overline{AB}$ der Länge 4 cm gegeben. Der Punkt P hat von der Sehne den Abstand von 1 cm. Bestimme den Kreisradius. [T1]

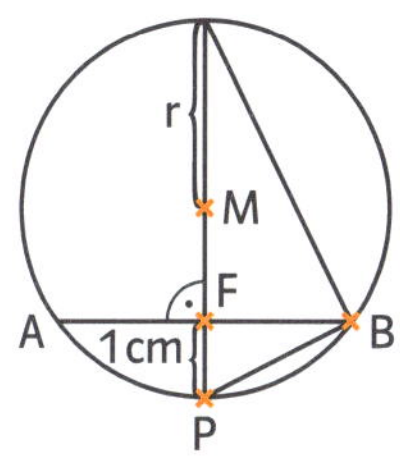

____

____

4 a) Die Länge der Raumdiagonalen e im Quader mit den Seitenlängen a = 3 cm, b = 4 cm und c = 12 cm soll schrittweise bestimmt werden. Bestimme zunächst die Länge der Diagonalen d im grauen Teildreieck der Frontfläche. Diese taucht in beiden Teilfiguren rechts auf.

d = ______ cm

Bestimme dann die gesuchte Länge e.

e = ______ cm

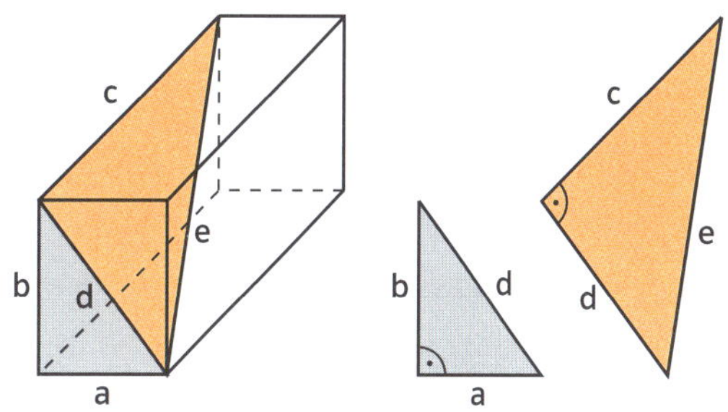

b) Erstelle nun eine Formel für die Länge der Raumdiagonalen eines Quaders. Für die Länge der Frontdiagonalen d gilt: d^2 = ____________.

Der Satz des Pythagoras für das orange Teildreieck rechts liefert die Gleichung: e^2 = ____________.

Für d^2 den Term oben einsetzen: e^2 = ________________ oder $e = \sqrt{}$.

5 Passt eine 14 cm lange Stricknadel in eine 12,7 cm lange, 5 cm breite und 26 mm hohe Schachtel?

____

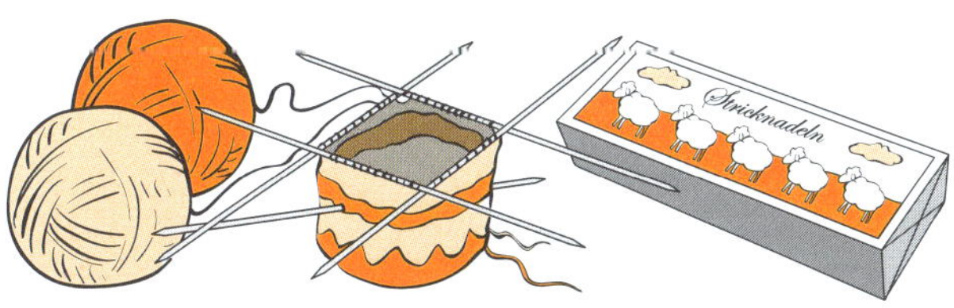

[T1] Notiere die Länge von $\overline{MB}$ und $\overline{MF}$ in Abhängigkeit von r. Nutze den Satz des Pythagoras im Dreieck MFB.

1 Ein Satteldach hat die abgebildete Form. Vervollständige die Tabelle. Runde auf eine Dezimale.

	a	b	c	h	Giebelfläche	Volumen
a)	10 m	5 m	6,5 m			
b)	7 m	4 m				70 m^3

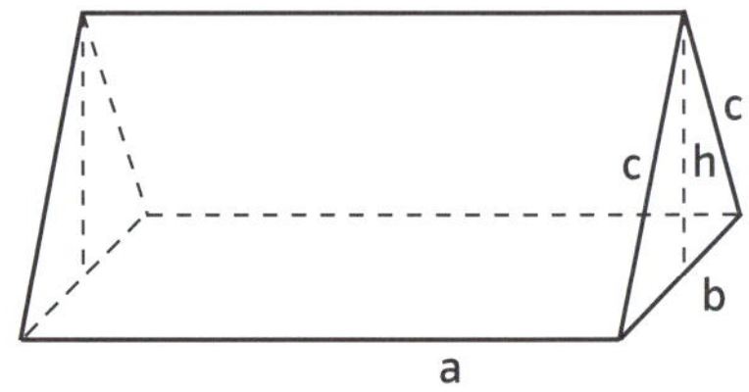

2 a) In dem abgebildeten Quader ist ein oranges Dreieck eingezeichnet. Dabei liegt der Punkt C auf der Mitte der Seite und der Punkt B teilt die Seite im Verhältnis 1:2, d.h. eine Strecke ist doppelt so lang wie die andere. Schraffiere die drei rechtwinkligen Dreiecke, die du zur Berechnung der drei Seitenlängen benötigst in verschiedenen Farben.

$\overline{AB} = \sqrt{\_\_\_\_}$ m $\qquad \overline{BC} = \sqrt{\_\_\_\_}$ m = ____ m $\qquad \overline{AC} = \sqrt{\_\_\_\_}$ m

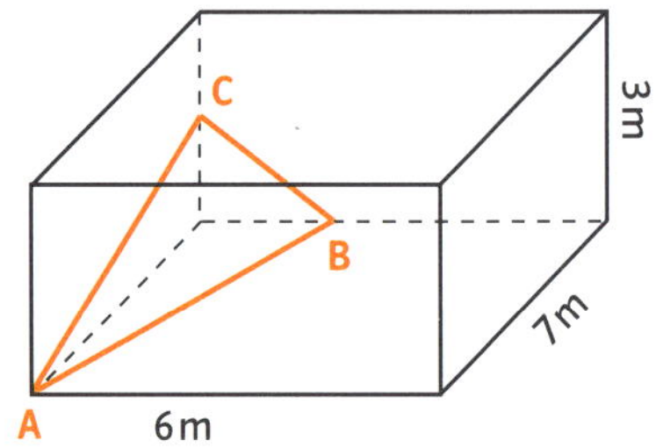

b) Zeichne ein weiteres Dreieck ein, bei dem ein Eckpunkt in einer Ecke des Quaders und die beiden anderen Eckpunkte auf Seitenkanten liegen und dessen Seitenlängen 4 m, $\sqrt{58}$ m und $\sqrt{74}$ m betragen. [T1; T2]

c) Findest du auch ein Dreieck mit den Seitenlängen $\sqrt{94}$ m, $\sqrt{50}$ m und $\sqrt{40}$ m? Zeichne es gegebenenfalls ein. [T3; T4]

3 a) Auf einen Würfel der Kantenlänge 4 cm wird ein Quader aufgesetzt. Der Quader mit dem halben Volumen des Würfels sitzt in der Mitte der Würfelfläche (siehe Grafik). Die Länge der orangen Strecke x soll bestimmt werden.

$V_{Würfel}$ = ____ cm^3 $\qquad$ halbes Würfelvolumen: ____ cm^3

Quaderhöhe a = ____ cm

Zeichne ein rechtwinkliges Dreieck in die Zeichnung, mit dem du die Länge der Strecke x bestimmen kannst. Zeichne ein weiteres rechtwinkliges Dreieck in die Grundfläche, mit der du die noch fehlende Seitenlänge bestimmen kannst.

Die orange Strecke x hat eine Länge von $\sqrt{\_\_\_\_}$ cm ≈ ____ cm.

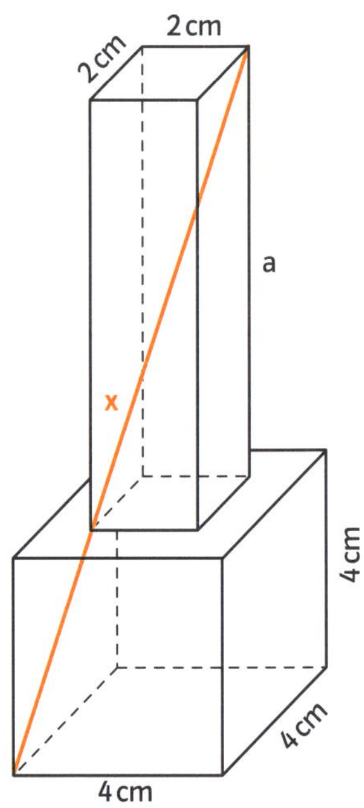

b) In der Zeichnung scheint die orange Strecke die untere linke Ecke des Quaders zu berühren. Überprüfe dies, indem du die Längen der beiden vermuteten Teilstrecken (linke untere Würfelecke bis zur linken unteren Quaderecke und linke untere Quaderecke bis zur rechten oberen Quaderecke) berechnest und deren Summe mit dem Ergebnis aus a) vergleichst.

$\sqrt{\_\_\_\_}$ cm + $\sqrt{\_\_\_\_}$ cm ≈ ____ cm + ____ cm = ____ cm

[T1] Eine Seite des Dreiecks liegt auf einer Quaderkante.

[T2] Eine der Dreiecksseiten ist eine Flächendiagonale einer der Quaderseiten.

[T3] Eine der Dreiecksseiten ist eine Körperdiagonale im Quader.

[T4] Schreibe 50 und 40 als Summe zweier Quadratzahlen.

Formeln verstehen: Pyramiden und Kegel

1 Die gläserne quadratische Pyramide hat eine Kantenlänge von $a = 3{,}50\,m$. Die Höhe der Seitenfläche bildet mit der Bodenfläche einen Winkel von 45°.

Skizze:

a) Berechne die Höhe h_s und die Seitenfläche der Pyramide. Skizziere dafür den Querschnitt.

h_s = ______

A_s = ______

b) Berechne die Mantelfläche der Pyramide. M = ______

c) Berechne das Volumen. V = ______

2 Die abgebildete Pyramide mit rechteckiger Grundfläche hat die Kantenlängen $a = 6\,cm$ und $b = 10\,cm$.
Die Höhe der Pyramide beträgt $h = 8\,cm$.

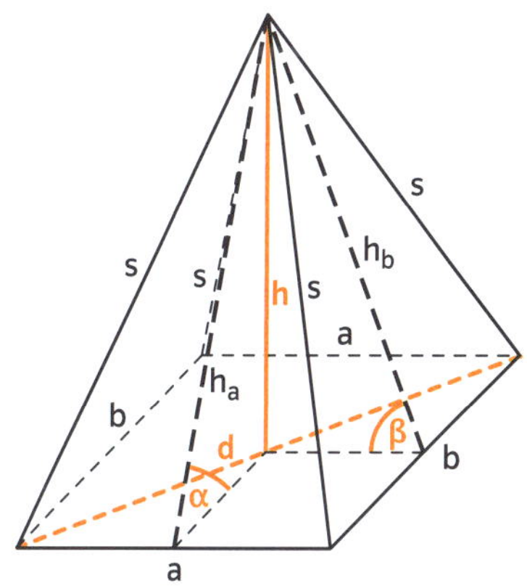

a) Berechne die Länge der Bodendiagonalen d.

d = ______

b) Berechne die Höhen der Seitenflächen.

h_a = ______ ; h_b = ______

c) Berechne die Mantelfläche und die Oberfläche.

M = ______

O = ______

d) Berechne das Volumen.

V = ______

e) Berechne den Winkel, den die Seitenflächen mit der Grundfläche bilden.

α = ______ β = ______

3 Das „größte Indianerzelt der Welt" steht in Dortmund im Fredenbaumpark. Es hat eine Höhe von 35 m und einen Durchmesser von ungefähr 25 m.

a) Bei dem Zelt handelt es sich angenähert um ______ .

b) Berechne die Grundfläche, die Länge der Seitenkante und das Volumen des Zelts.

A = ______

s = ______

V = ______ m^3

c) Berechne die Mantelfläche des Zelts.

M = ______

1 Kontrolliere Leas Umformungen zum Kugelvolumen und der Kugeloberfläche. Korrigiere Leas Fehler.

a)			b)		
$V = \frac{4}{3} \cdot \pi \cdot r^3$	$\mid : \frac{4}{3}$	✓	$O = 2 \cdot \pi \cdot r^2$	$\mid : 2$	f
$\frac{4}{3}V = \pi \cdot r^3$	$\mid : \pi$		$\frac{O}{2} = \pi \cdot r^2$	$\mid : \pi$	
$\frac{4 \cdot V}{3 \cdot \pi} = r^3$	$\mid \sqrt[3]{}$		$\frac{O}{2} = r^2$	$\mid (\,)^2$	
$\sqrt[3]{\frac{4V}{3\pi}} = r$			$\sqrt{\frac{O}{4\pi}} = r$		

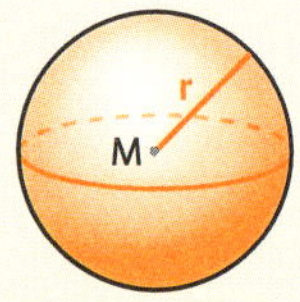

Formeln zur Kugel:
$V = \frac{4}{3}\pi r^3$
$O = 4\pi r^2$

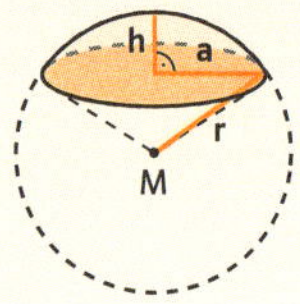

Volumen des Kugelabschnitts:
$V = \frac{1}{3}\pi h^2(3r - h)$
$= \frac{1}{6}\pi h(3a^2 + h^2)$

2 Der Durchmesser der Erde ist etwa 3,7-mal so groß wie der des Mondes. Wie verhalten sich die Volumen (die Oberflächen) von Erde und Mond zueinander?

$d_{Erde} \approx 3{,}7 \cdot d_{Mond}$ ______ [T1] $\rightarrow V_{Erde}$ ______ ______ [T2]

3 Die Schwimmboje besteht aus einer Halbkugel, einem ______ und einem ______.

a) Berechne das Volumen. b) Berechne die Oberfläche.

$V_{Halbkugel}$ = ______

$V_{Zylinder}$ = ______

V_{Kegel} = ______

V_{Gesamt} = ______

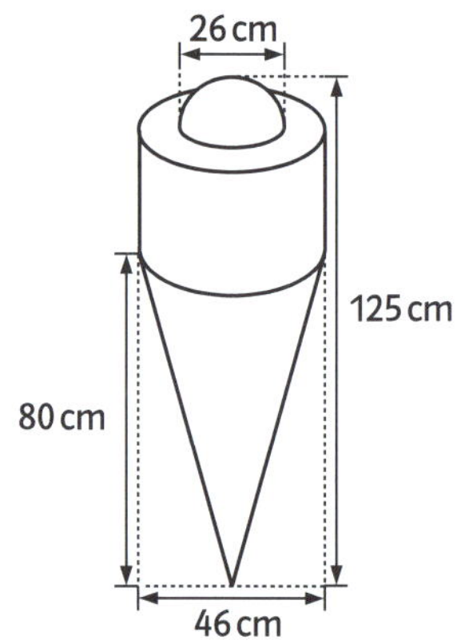

4 Gegeben ist eine Kugel mit dem Radius $r = 100$ cm. Von der Kugel sollen oben und unten je ein Kugelabschnitt mit gleicher Höhe abgeschnitten werden. Den verbleibenden Kugelrest nennt man Kugelschicht.

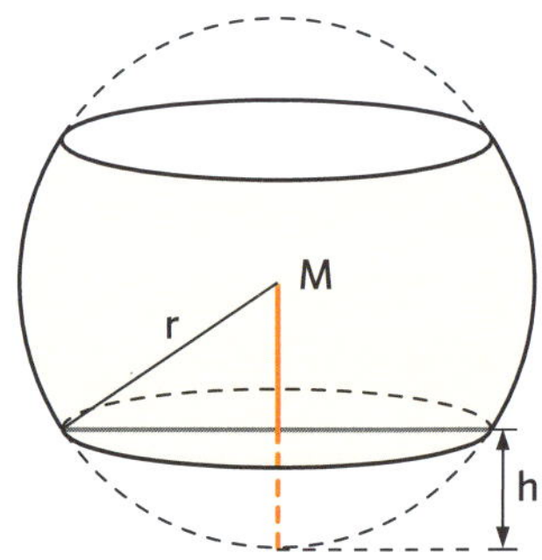

a) Berechne das Volumen der Kugelschicht, wenn beide Kugelabschnitte die Höhe $h = 10$ cm haben.

b) 🖩 Zeichne den Graphen für das Volumen der Kugelschicht in Abhängigkeit von der Höhe h der Kugelabschnitte. Notiere die zugehörige Formel.

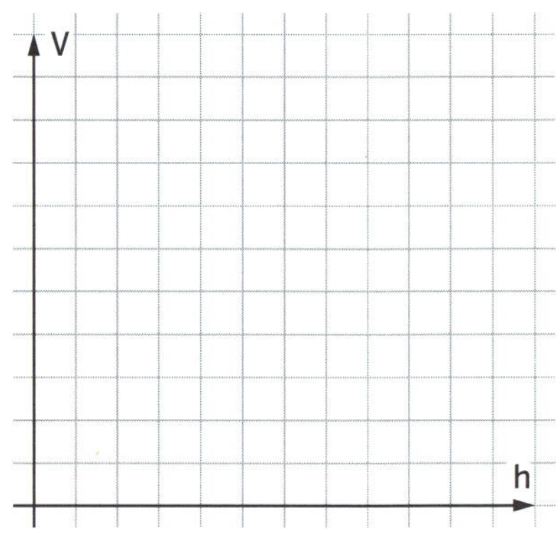

c) 🖩 Für welche Höhe h der Kugelabschnitte ist das Volumen der Kugelschicht genau halb so groß wie das Volumen der Kugel?

[T1] In welchem Verhältnis stehen die Radien von Erde und Mond zueinander?

[T2] Versuche die Oberfläche des Mondes als Faktor zu erhalten. Wie heißt der zweite Faktor, den du ausklammern musst?

Lambacher Schweizer 9

Mathematik für Gymnasien

Nordrhein-Westfalen

Lösungen zum Arbeitsheft

Basiswissen | Rechnen mit Brüchen, Dezimalbrüche, Seite 3

1

a) 2,03 b) 4,259 c) $\frac{5}{3}$ d) $\frac{1}{6}$

e) $\frac{13}{21}$ f) $\frac{15}{8} = 1\frac{7}{8}$ g) $1\frac{4}{15}$ h) $\frac{13}{12} = 1\frac{1}{12}$

i) $\frac{16}{9} = 1\frac{7}{9}$ j) $3\frac{1}{18}$ k) 22 l) $\frac{9}{4} = 2\frac{1}{4}$

2

In die Hinweiszettel auf dem rechten Rand werden folgende Begriffe eingesetzt:
zuerst; Strichrechnung.

a) 6 b) 1,1 c) 1 d) −3,7
e) 37 f) 12

3

a) $\frac{5}{9} + \frac{8}{9} = \frac{13}{9} = 1\frac{4}{9}$ b) $\frac{1}{2} \cdot \frac{5}{4} = \frac{5}{8}$ c) $\frac{3}{2} - \frac{1}{2} = 1$

d) $\frac{7}{6} : \frac{6}{7} = \frac{49}{36}$ e) $\frac{1}{6} + \frac{5}{6} = 1$ f) $\frac{11}{15} \cdot \frac{3}{11} = \frac{1}{5}$

g) $\frac{2}{3} + \frac{8}{15} = \frac{6}{5} = 1\frac{1}{5}$ h) $\frac{28}{5} - \frac{7}{5} = \frac{21}{5} = 4\frac{1}{5}$ i) $7 : \frac{5}{6} = \frac{42}{5} = 8\frac{2}{5}$

4

a) $\left(\frac{2}{3} + \frac{7}{8}\right) \cdot 2 = 3\frac{1}{12}$

b) Multipliziere $\frac{1}{2}$ mit der Differenz aus $\frac{4}{5}$ und $\frac{1}{3}$. Ergebnis: $\frac{7}{30}$

c) $\left(\frac{4}{6} - \frac{1}{3}\right) - \left(\frac{1}{5} + \frac{1}{10}\right) = \frac{1}{30}$

d) Multipliziere den Quotienten von $\frac{49}{24}$ und $\frac{14}{36}$ mit dem Produkt von $\frac{2}{3}$ und $\frac{2}{7}$. Ergebnis: 1

5

a) $560 \cdot \frac{3}{7} = 240$ Mädchen

b) Bus: $560 \cdot \frac{2}{3} = 373\frac{1}{3} \approx 373$; Rad: $560 \cdot \frac{1}{8} = 70$;

zu Fuß: $560 - 373 - 70 = 117$

c) $45 \cdot 0{,}15 = 6{,}75 \approx 7$ Fachräume

Basiswissen | Flächeninhalt und Volumen, Seite 4

1

a) $23{,}5\,\text{ha} = 2350\,\text{a} = 235\,000\,\text{m}^2$
b) $0{,}004\,\text{m}^2 = 0{,}4\,\text{dm}^2 = 40\,\text{cm}^2$
c) $12\,\text{km}^2 = 1200\,\text{ha} = 120\,000\,\text{a}$
d) $9{,}23\,\text{dm}^2 = 923\,\text{cm}^2 = 92\,300\,\text{mm}^2$
e) $14{,}2\,\text{a} = 1420\,\text{m}^2 = 142\,000\,\text{dm}^2$

2

a) $0{,}000\,002\,59\,\text{km}^3 = 2590\,\text{m}^3 = 2\,590\,000\,\text{dm}^3$
b) $1{,}2\,\text{l} = 120\,\text{cl} = 1200\,\text{ml}$
c) $1203\,\text{l} = 1203\,\text{dm}^3 = 1\,203\,000\,\text{ml}$
d) $0{,}000\,2\,\text{dm}^3 = 0{,}2\,\text{cm}^3 = 200\,\text{mm}^3$
e) $0{,}75\,\text{l} = 750\,\text{cm}^3 = 750\,000\,\text{mm}^3$

3

a) $V = 50\,\text{m} \cdot 20\,\text{m} \cdot 1{,}8\,\text{m} = 1800\,\text{m}^3 = 1\,800\,000\,\text{dm}^3 = 1\,800\,000\,\text{l}$
Dauer: $1\,800\,000\,\text{l} : 20\,\text{l/s} = 90\,000\,\text{s} = 1500\,\text{min} = 25\,\text{h}$
= 1 Tag und 1 Stunde
b) $V = 50\,\text{m} \cdot 20\,\text{m} \cdot 0{,}7\,\text{m} = 700\,\text{m}^3 = 700\,000\,\text{dm}^3 = 700\,000\,\text{l}$
Dauer: $700\,000\,\text{l} : 20\,\text{l/s} = 35\,000\,\text{s} = 583{,}33\,\text{min} \approx 9{,}7\,\text{h}$

4

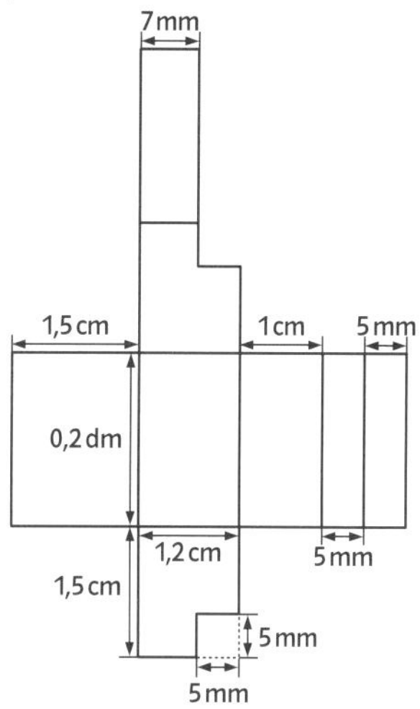

$G = 1{,}2\,\text{cm} \cdot 1\,\text{cm} + 0{,}7\,\text{cm} \cdot 0{,}5\,\text{cm} = 1{,}55\,\text{cm}^2$
$V = 1{,}55\,\text{cm}^2 \cdot 2\,\text{cm} = 3{,}1\,\text{cm}^3$
$U = 1{,}5\,\text{cm} + 1{,}2\,\text{cm} + 1\,\text{cm} + 0{,}5\,\text{cm} + 0{,}5\,\text{cm} + 0{,}7\,\text{cm} = 5{,}4\,\text{cm}$
$O = 2 \cdot 1{,}55\,\text{cm}^2 + 5{,}4\,\text{cm} \cdot 2\,\text{cm} = 13{,}9\,\text{cm}^2$

5

Das Volumen der Fahrerkabine wird nicht berechnet.

$V = 4{,}50\,\text{m} \cdot 2{,}20\,\text{m} \cdot 1{,}90\,\text{m} + \frac{5{,}80\,\text{m} + 6{,}20\,\text{m}}{2} \cdot 2{,}20\,\text{m} \cdot 0{,}90\,\text{m}$

$= 18{,}81\,\text{m}^3 + 11{,}88\,\text{m}^3 = 30{,}69\,\text{m}^3$

6

$V_{\text{Dreiecksprisma}} = 22\,\text{m} \cdot \frac{2\,\text{m}}{2} \cdot 2\,\text{m} = 44\,\text{m}^3$
$V_{\text{Außenquader}} = 5\,\text{m} \cdot 22\,\text{m} \cdot 2\,\text{m} = 220\,\text{m}^3$
$V_{\text{Innenquader}} = 1\,\text{m} \cdot 2\,\text{m} \cdot 2\,\text{m} = 4\,\text{m}^3$
$V_{\text{Gesamt}} = V_{\text{Dreiecksprisma}} + V_{\text{Außenquader}} - V_{\text{Innenquader}}$
$= 44\,\text{m}^3 + 220\,\text{m}^3 - 4\,\text{m}^3 = 260\,\text{m}^3$

Basiswissen | Terme und Gleichungen, Seite 5

1

a)

Term	$x^2 - 2yx + y^2$	$x^2 + 2yx + y^2$	$(2x - 3y)(2x + 3y)$
Wert des Terms	9	121	−377

b) $(2x)^2 - (3y)^2 = 8^2 - 21^2 = -377$

2

a) $9a^2 - 24ab + 16b^2$

b) $4x^2 + 16xy + 16y^2$

c) $u^2 - 4uv^2 + 4v^4$

d) $4x^2 - 9y^2$

e) $4a^2 + 10ab + 6{,}25b^2$

3

a) $16x^2 + 24xy + 9y^2 = (4x + 3y)^2$

b) $u^2 - 6u + 9 = (u - 3)^2$

c) $25x^2 + 70x + 49 = (5x + 7)^2$

d) $169x^2 - 256 = (13x - 16)(13x + 16)$

e) $144x^2 - 264x + 121 = (12x - 11)^2$

4

a) $3(2x - 5) = 12(2x - 3) - 15$

$6x - 15 = 24x - 36 - 15 \quad | -6x$

$-15 = 18x - 51 \quad | +51$

$36 = 18x \quad | :18$

$x = 2$

b) $(x - 3)(x - 2) = (x + 2)^2$

$x^2 - 5x + 6 = x^2 + 4x + 4 \quad | -x^2 - 4$

$-5x + 2 = 4x \quad | +5x$

$2 = 9x \quad | :9$

$x = \frac{2}{9}$

c) $x^2 + 4x - 3x^2 = 5x^2 + 3x - 4x^2$

$-2x^2 + 4x = x^2 + 3x \quad | -x^2 - 3x$

$-3x^2 + x = 0$

$x(-3x + 1) = 0$

$x_1 = 0$ und $x_2 = \frac{1}{3}$

5

$g_{alt} = h_{alt} - 3\,cm \qquad g_{neu} = h_{alt} - 1\,cm$

$h_{alt} = h \qquad h_{neu} = h_{alt} - 3\,cm$

$A_{alt} = \frac{1}{2} g_{alt} \cdot h = \frac{1}{2}(h - 3\,cm) \cdot h$

$A_{neu} = \frac{1}{2}(h - 1\,cm)(h - 3\,cm) = A_{alt} - 5\,cm^2$

$\frac{1}{2}(h - 3) \cdot h = \frac{1}{2}(h - 1)(h - 3) + 5 \quad | :\frac{1}{2}$

$(h - 3) \cdot h = (h - 1)(h - 3) + 10$

$h^2 - 3h = h^2 - h - 3h + 3 + 10 \quad | -h^2 + 4h$

$h = 13\,cm; \qquad g = h - 3\,cm$

Somit waren $g_{alt} = 10\,cm$ und $h_{alt} = 13\,cm$.

6

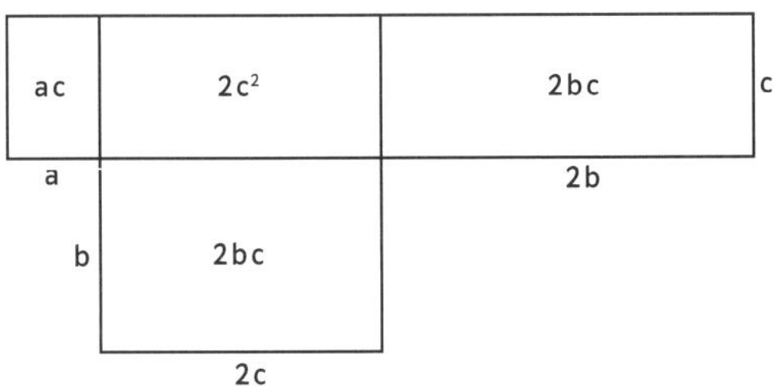

$U = 2c + 2(a + 2c + 2b) + 2b = 2c + 2a + 4c + 4b + 2b$
$= 2a + 6b + 6c$

$A = c \cdot (a + 2b + 2c) + b \cdot 2c = ac + 2bc + 2c^2 + 2bc$
$= ac + 4bc + 2c^2$

Basiswissen | Gleichungssysteme, Seite 6

1

a) I = II

$-y + 15 = 3y + 39$

$15 = 4y + 39$

$-24 = 4y$

$-6 = y$

Einsetzen in I:

$7x = 6 + 15; \qquad x = 3$

Lösung: (3; −6)

b) I′: $y = -3x + 5$

I′ = II

$-3x + 5 = 2x - 17$

$22 = 5x$

$4{,}4 = x$

Einsetzen in II:

$y = 2 \cdot 4{,}4 - 17 = -8{,}2$

Lösung: (4,4; −8,2)

2

a) II′: $-6x = -2y - 60$

I + II′: $0 = -4{,}5y - 33$

$y = -\frac{22}{3} = -7\frac{1}{3}$

Einsetzen in I:

$6x = -2{,}5 \cdot \left(-\frac{22}{3}\right) + 27$

$x = \frac{68}{9} = 7\frac{5}{9}$

Lösung: $\left(7\frac{5}{9}; -7\frac{1}{3}\right)$

b) II′: $-30y = 42x + 78$

I + II′: $16x = 26 + 42x + 78$

$-26x = 104$

$x = -4$

Einsetzen in II:

$y = -1{,}4 \cdot (-4) - 2{,}6 = 3$

Lösung: (−4; 3)

3

Es gibt verschiedene Möglichkeiten, die Aufgaben zu lösen.

a) I′: $5x = y + 6$

I′ = II: $y + 6 = 2y - 12$

$y = 18$

Einsetzen in I′: $5x = 18 + 6$

$x = 4{,}8$

Lösung: (4,8; 18)

b) I′: $8x = 31 + 7y$

II′: $8x = 22 - 2y$

I′ = II′: $22 - 2y = 31 + 7y$

$-9 = 9y; \qquad y = -1$

Einsetzen in I: $8x + 7 = 31$

$x = 3$

Lösung: (3; −1)

4

(x steht für die Anzahl der Urlaubstage)

Urlaub auf dem Campingplatz:

Benzinkosten für Hin- und Rückfahrt:

2 · 5 · 11,5 l · 1,40 €/l = 161,00 €

Kosten für Unterbringung: 48x

Gleichung I: $y = 48x + 161$

Urlaub im Ferienhaus:

Benzinkosten für Hin- und Rückfahrt:

2 · 5 · 7,5 l · 1,40 €/l = 105 €

Kosten für Unterbringung: 55x

Gleichung II: $y = 55x + 105$

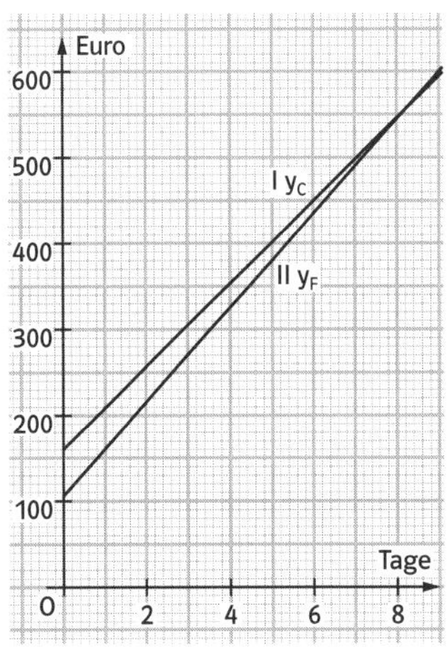

Bis zu einer Verweildauer von 7 Tagen ist es günstiger, im Ferienhaus zu übernachten. Bei 8 Tagen ist es egal, welche Unterkunft man wählt. Und bei einer Verweildauer von über 8 Tagen ist es günstiger, auf dem Campingplatz zu übernachten.

Basiswissen | Lineare Funktionen, Seite 7

1

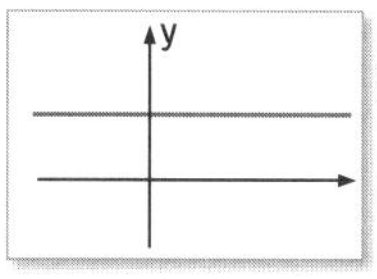

Steigung m = 0

y = b

Die Gerade verläuft parallel zur x-Achse.

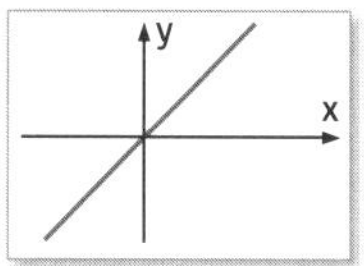

y-Achsenabschnitt b = 0

y = m x

Die Gerade verläuft durch den Ursprung.

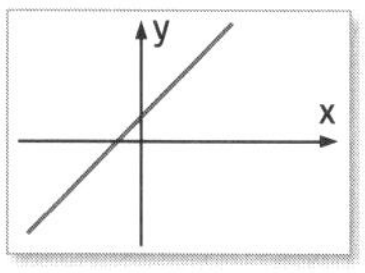

Die Gerade hat die Steigung m und schneidet die y-Achse im Punkt (0 | b).

y = m x + b

2

A: $m = 2$; $y = 2x$ B: $m = \frac{1}{2}$; $y = \frac{1}{2}x$

C: $m = -3$; $y = -3x$

3

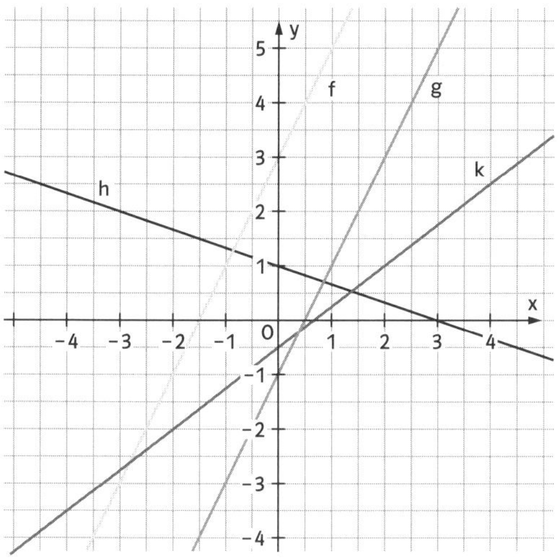

4

a) 30 cm b) 1 cm c) B

d) D e) nach 16 h f) 15 h

Basiswissen | Reelle Zahlen, Seite 8

1

Nacheinander müssen in die Lücken eingesetzt werden:
ganzen; rationale; $\sqrt{2}$; $-\sqrt{2}$; irrationale; reelle.

2

natürliche Zahlen: 2; ganze Zahlen: −2;

rationale Zahlen: −1,414; $\frac{1}{2}$; −0,6;

irrationale Zahlen: $\sqrt{2}$

3

a) 11 n b) 0,5 r c) 3,2 i d) 0,8 r

e) $\frac{2}{3}$ r f) 70 n g) 2 n h) 1,6 r

i) 0,25 r j) 1,4 r k) 7 n l) 42 n

4

b) $\sqrt{16 \cdot 2} = 4 \cdot \sqrt{2}$ c) $\sqrt{4 \cdot 13} = 2 \cdot \sqrt{13}$

d) $\sqrt{9 \cdot 0{,}15} = 3 \cdot \sqrt{0{,}15}$ e) $\sqrt{\frac{25}{4} \cdot \frac{2}{3}} = \frac{5}{2} \cdot \sqrt{\frac{2}{3}}$

f) $\sqrt{\frac{6}{2} \cdot \frac{4}{49}} = \frac{2}{7} \cdot \sqrt{3}$

5

a) $8 + \sqrt{256} = 8 + 16 = 24$ b) $\sqrt{5} \cdot (5 - 3) = 2 \cdot \sqrt{5}$

c) $5 \cdot (\sqrt{25} - \sqrt{9}) = 5 \cdot (5 - 3) = 10$

d) $\sqrt{11} \cdot (4 + 2) = 6 \cdot \sqrt{11}$ e) $(\sqrt{9} + \sqrt{16}) \cdot 6 = (3 + 4) \cdot 6 = 42$

f) $\sqrt{7} \cdot (3 - 7) = (-4) \cdot \sqrt{7}$

6

a) $x^2 + 144 = 169 \quad | -144$
$x^2 = 25$
$x = 5; \quad x = -5$

b) $3x^2 = 24 \quad | :3$
$x^2 = 8$
$x = \sqrt{8}; \quad x = -\sqrt{8}$

c) $0{,}5 \cdot x^2 - 1{,}5 = 3 \quad | +1{,}5$
$0{,}5x^2 = 4{,}5 \quad | :0{,}5$
$x^2 = 9$
$x = 3; \quad x = -3$

Aufstellen von Funktionsgleichungen, Seite 9

1

Verstehen der Aufgabe:
Einzusetzen sind nacheinander folgende Werte: 1; 60; 1,93; 1,158; 5; 2,45; 2,50 und 25.

Ausdenken eines Plans:
Es ergibt sich die Funktionsgleichung: $y = a \cdot (x - u)^2 + v$.
Im Tipp sind nacheinander einzusetzen: Absprungstelle; (0 | 1,158) und (1 | 2,5).

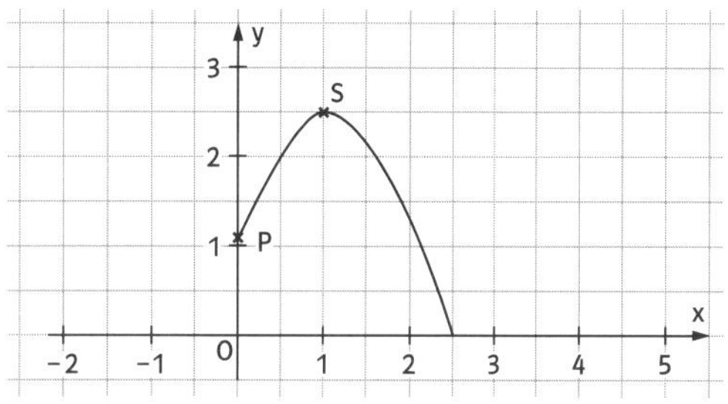

Durchführen des Plans:
Es ergibt sich folgender vollständige Text:
(1) Einsetzen des Punktes S(1 | 2,5) ergibt $y = a \cdot (x - 1)^2 + 2{,}5$.
Durch Einsetzen des Punktes P(0 | 1,158) erhält man
$1{,}158 = a + 2{,}5$.
Umformen ergibt $a = -1{,}342$.
Also ergibt sich als Funktionsgleichung:
$y = -1{,}342 \cdot (x - 1)^2 + 2{,}5$.
(2) Wenn Sotomayor 25 cm früher abgesprungen wäre, hätte er bei der Latte dieselbe Höhe gehabt wie bei der skizzierten Flugbahn 25 cm hinter der Latte. Also gibt die y-Koordinate an der Stelle $x = 1{,}25$ die gesuchte Höhe an:
$y = -1{,}342 \cdot (1{,}25 - 1)^2 + 2{,}5 = 2{,}42$.
Notwendiger Abstand zur Latte (5 cm) → übersprungene Höhe: 2,37 m.

Rückschau:
(1) 2,37
(2) Das Ergebnis ist realistisch, weil er bei anderen Wettbewerben ähnliche Höhen übersprang.

Scheitelpunktbestimmung – quadratische Ergänzung, Seite 10

1
b) $x^2 - 18x + 81 = (x - 9)^2$ c) $x^2 - 5x + 6{,}25 = (x - 2{,}5)^2$
d) $x^2 - \frac{1}{2}x + \frac{1}{16} = \left(x - \frac{1}{4}\right)^2$ e) $x^2 + 8x + 16 = (x + 4)^2$
f) $x^2 + \frac{2}{3}x + \frac{1}{9} = \left(x + \frac{1}{3}\right)^2$

2
Beispiel: $S(-5{,}5 \mid -30{,}25)$
a) $y = x^2 - 4x + 2^2 - 2^2 + 1$; $y = (x - 2)^2 - 3$; $S(2 \mid -3)$
b) $y = x^2 + 10x + 5^2 - 5^2 - 5$; $y = (x + 5)^2 - 30$; $S(-5 \mid -30)$
c) $y = x^2 - 2x + 1^2 - 1^2 + 2$; $y = (x - 1)^2 + 1$; $S(1 \mid 1)$

3
a) $y = 5(x^2 - 4x) + 5$
$y = 5(x^2 - 4x + 2^2 - 2^2) + 5$
$y = 5((x - 2)^2 - 4) + 5$
$y = 5(x - 2)^2 - 20 + 5$
$y = 5(x - 2)^2 - 15$
$S(2 \mid -15)$

b) $y = -3(x^2 + 6x) + 12$
$y = -3(x^2 + 6x + 3^3 - 3^3) + 12$
$y = -3((x + 3)^2 - 9) + 12$
$y = -3(x + 3)^2 + 27 + 12$
$y = -3(x + 3)^2 + 39$
$S(-3 \mid 39)$

4
a) $y = -3(x - 3)^2 + 27$ b) 27 m

Lösen einfacher quadratischer Gleichungen, Seite 11

1
a) $x_1 = 11$; $x_2 = -11$ b) $x_1 = 9$; $x_2 = -9$
c) $x_1 = \frac{5}{6}$; $x_2 = -\frac{5}{6}$ d) $x_1 = 0{,}2$; $x_2 = -0{,}2$

2
a) $x_1 = 0$; $x_2 = -23$ b) $x_1 = 0$; $x_2 = 1{,}3$
c) $x_1 = 0$; $x_2 = -3{,}5$ d) $x_1 = 0$; $x_2 = 5$

3
$x^2 - 16 = 0$; $0{,}5x^2 - 8 = 0$; $x_1 = 4$; $x_2 = -4$
$-12 + 5x^2 = x^2$; $3x^2 = 9$; $x_1 = \sqrt{3}$; $x_2 = -\sqrt{3}$
$\frac{3}{5}x^2 + \frac{2}{5}x = 0$; $3x^2 + 2x = 0$; $x_1 = 0$; $x_2 = -\frac{2}{3}$
$\frac{1}{3}x^2 - x = 0$; $x^2 - 3x = 0$; $x_1 = 0$; $x_2 = 3$

4
a) $x_1 = 8$; $x_2 = -8$ b) $x_1 = 0$; $x_2 = 5$
c) $x_1 = 6$; $x_2 = -6$ d) $x_1 = 7$; $x_2 = -7$
e) $x_1 = 0$; $x_2 = -0{,}5$ f) $x_1 = 0$; $x_2 = 25$

5
a) z. B. $x^2 - 5 = 0$ und $3x^2 = 15$
b) z. B. $x^2 - 4 = 0$ und $-5x^2 = -20$
c) z. B. $x^2 - 4x = 0$ und $\frac{1}{3}x^2 = \frac{4}{3}x$
d) z. B. $x^2 + 3x = 0$ und $5x^2 + 2 = 2 - 15x$
e) z. B. $x^2 - 25 = 0$ und $3x^2 = 75$
f) z. B. $x^2 + 9x = 0$ und $\frac{1}{3}x^2 = -3x$

Lösen allgemeiner quadratischer Gleichungen, Seite 12

1
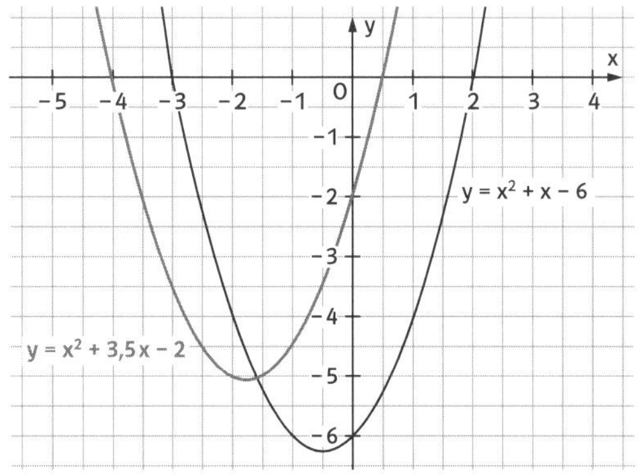

a) $f(x) = (x + 0{,}5)^2 - 6{,}25$; $S(-0{,}5 \mid -6{,}25)$;
Nullstellen sind: $x_1 \approx -3$; $x_2 \approx 2$
b) $x^2 + 3{,}5x - 2 = 0$; $f(x) = (x + 1{,}75)^2 - 1{,}75^2 - 2$;
$f(x) = (x + 1{,}75)^2 - 5{,}0625$; $S(-1{,}75 \mid -5{,}0625)$;
Nullstellen sind: $x_1 \approx -4$; $x_2 \approx 0{,}5$

2
a)
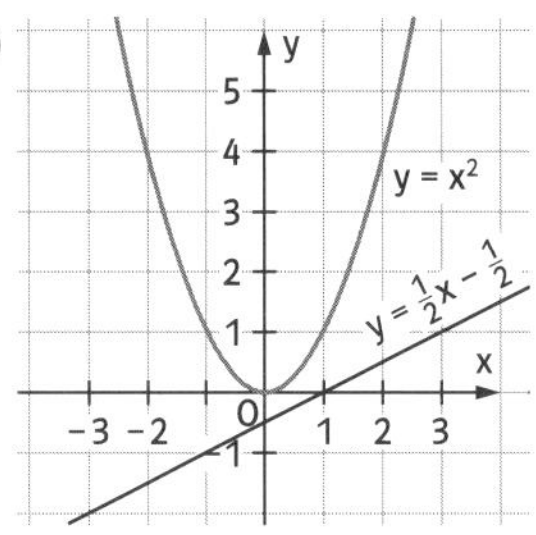

$x^2 = \frac{1}{2}x - \frac{1}{2}$;
$y = x^2$ und $y = \frac{1}{2}x - \frac{1}{2}$;
keine Lösung

b)
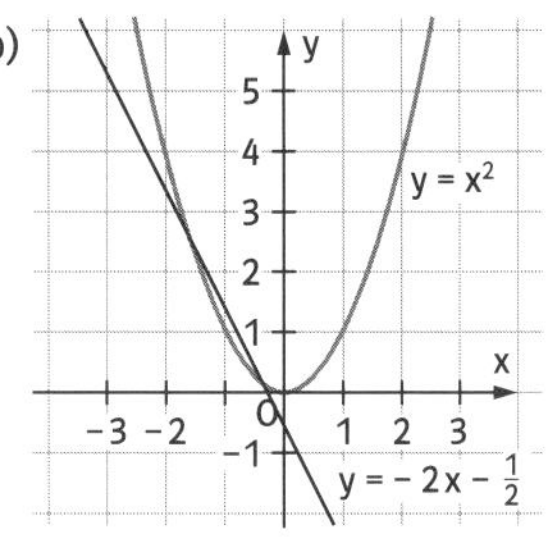

$x^2 = -2x - \frac{1}{2}$;
$y = x^2$ und $y = -2x - \frac{1}{2}$;
$x_1 \approx -1{,}7$; $x_2 \approx -0{,}3$

c)
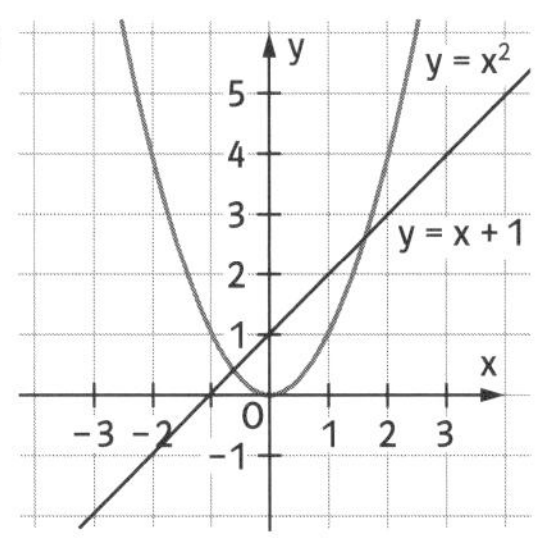

$x^2 = x + 1$;
$y = x^2$ und $y = x + 1$;
$x_1 \approx -0{,}6$; $x_2 \approx 1{,}6$

d)
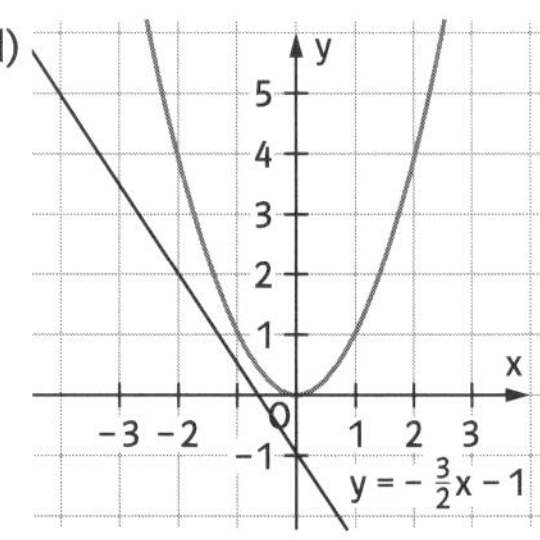

$x^2 = -\frac{3}{2}x - 1$;
$y = x^2$ und $y = -\frac{3}{2}x - 1$;
keine Lösung

3
a) $x^2 - 4x + 3 = 0$
$x^2 - 4x + 4 - 4 + 3 = 0$
$(x - 2)^2 - 1 = 0$
$x_1 = +3$; $x_2 = +1$

b) $x^2 + 6x + 10 = 0$
$x^2 + 6x + 9 - 9 + 10 = 0$
$(x + 3)^2 + 1 = 0$
$(x + 3)^2 = -1$ $\mid \sqrt{\ }$
keine Lösung
Die Wurzel aus einer negativen Zahl ist nicht definiert.

c) $x^2 - 8x + 16 = 0$
$(x - 4)^2 = 0$
$x = 4$

Lösen von quadratischen Gleichungen mit der pq-Formel, Seite 13

1

a) $p = -8;$ $q = 7;$ $x_1 = 7$ und $x_2 = 1$

b) $p = 3;$ $q = -10;$ $x_1 = 2$ und $x_2 = -5$

c) $p = 8;$ $q = 12;$ $x_{1,2} = -\frac{8}{2} \pm \sqrt{\left(\frac{8}{2}\right)^2 - 12} = -4 \pm \sqrt{16 - 12}$

$= -4 \pm \sqrt{4} = -4 \pm 2;$ $x_1 = -2$ und $x_2 = -6$

2

siehe Tabelle 1

3

a) $3x^2 + 12x - 24 = 0;$ $x^2 + 4x - 8 = 0$

$x_{1,2} = -2 \pm \sqrt{2^2 + 8} = -2 \pm \sqrt{12} = -2 \pm 2\sqrt{3}$

$x_1 \approx 1{,}46$ und $x_2 \approx -5{,}46$

b) $5x^2 - 30x + 20 = 0;$ $x^2 - 6x + 4 = 0$

$x_{1,2} = 3 \pm \sqrt{3^2 - 4} = 3 \pm \sqrt{5}$

$x_1 \approx 5{,}24$ und $x_2 \approx 0{,}76$

c) $6x^2 - 3x - 24 = 0;$ $x^2 - \frac{1}{2}x - 4 = 0$

$x_{1,2} = \frac{1}{4} \pm \sqrt{\left(\frac{1}{4}\right)^2 + 4} = \frac{1}{4} \pm \sqrt{4\frac{1}{16}}$

$x_1 \approx 2{,}27$ und $x_2 \approx -1{,}77$

4

$x(x-1) = 0$ und $x^2 - x = 0$ und $x_1 = 0;$ $x_2 = 1$

$x^2 - 1 = 0$ und $x^2 = 1$ und $x_1 = -1;$ $x_2 = 1$

$x^2 - 2x + 1 = 0$ und $x = 1$ und $x_{1,2} = 1 \pm \sqrt{1 - 1}$

$x^2 + 2x + 1 = 0$ und $x = -1$ und $x_{1,2} = -1 \pm \sqrt{1 - 1}$

$x^2 + 2x - 1 = 0$ und $x_{1,2} = -1 \pm \sqrt{2}$ und $x_{1,2} = -1 \pm \sqrt{1 + 1}$

Probleme lösen (1), Seite 14

1

1\. Seitenlänge: $4 + x$; 2. Seitenlänge: $6 + x$

linker Term: $(4 + x)(6 + x)$ rechter Term: $4 \cdot 6 = 24$

26-Faches des ursprünglichen Flächeninhalts: $26 \cdot 24 = 624$

Gleichung: $(4 + x)(6 + x) = 624$

Lösung der Gleichung: $x^2 + 10x + 24 = 624;$ $x^2 + 10x - 600 = 0;$

$x_{1,2} = -5 \pm \sqrt{25 + 600} = -5 \pm 25;$ $x_1 = 20;$ $x_2 = -30$

Ergebnis prüfen: -30 ist als Lösung nicht möglich, da eine Seitenlänge nicht negativ sein kann.

Probe für $x_1 = 20;$ $(4 + 20)(6 + 20) = 24 \cdot 26 = 624$ ✓

Das vergrößerte Rechteck hat die Seitenlängen 24 cm und 26 cm.

2

siehe Tabelle 2

Probleme lösen (2), Seite 15

1

Es werden nacheinander eingesetzt:

1 $b = 7$ cm; x

2 schwarzen

3 $x;$ $7 + x;$ $(12 - x)(7 + x)$ (in cm^2); $84 + 5x - x^2;$ größten; $S(2{,}5\,|\,90{,}25);$ 2,5

Nebenrechnung: $A = -x^2 + 5x + 84;$ $A = -(x^2 - 5x) + 84;$

$A = -((x - 2{,}5)^2 - 6{,}25) + 84;$ $A = -(x - 2{,}5)^2 + 90{,}25$

4 2,5; 90,25 (cm^2)

Tabelle 1

Quadratische Gleichung	Einsetzen in pq-Formel	Wert der Diskriminante	Anzahl der Lösungen	Lösungen, falls vorhanden
a) $x^2 + 4x - 21 = 0$	$x_{1,2} = -2 \pm \sqrt{2^2 + 21}$	$2^2 + 21 = 25$	2	−7; +3
b) $x^2 - 6x + 9 = 0$	$x_{1,2} = 3 \pm \sqrt{3^2 - 9}$	$3^2 - 9 = 0$	1	3
c) $x^2 - 3x + 8 = 0$	$x_{1,2} = \frac{3}{2} \pm \sqrt{\left(\frac{3}{2}\right)^2 - 8}$	$\left(\frac{3}{2}\right)^2 - 8 = -5{,}75$	0	–
d) $x^2 + 14x + 24 = 0$	$x_{1,2} = -7 \pm \sqrt{7^2 - 24}$	$7^2 - 24 = 25$	2	−12; −2
e) $x^2 + 3x + 2{,}25 = 0$	$x_{1,2} = -\frac{3}{2} \pm \sqrt{\left(\frac{3}{2}\right)^2 - 2{,}25}$	$\left(\frac{3}{2}\right)^2 - 2{,}25 = 0$	1	−1,5
f) $x^2 - 10x + 30 = 0$	$x_{1,2} = 5 \pm \sqrt{5^2 - 30}$	$5^2 - 30 = -5$	0	–

Tabelle 2

Aufgabenstellung	Gesucht ist die negative Zahl, die mit der um 2 vergrößerten Zahl das Produkt 224 ergibt.	Das Produkt aus dem Doppelten einer natürlichen Zahl und der um 2 verminderten Zahl ist 448.
1. Variable benennen	Zahl: x um 2 vergrößerte Zahl: $x + 2$	Zahl: x Doppeltes der Zahl: $2x$ um 2 verminderte Zahl: $x - 2$
2. Gleichung aufstellen	$x \cdot (x + 2) = 224$	$2x \cdot (x - 2) = 448$
3. Gleichung lösen	$x \cdot (x + 2) = 224$ $x^2 + 2x = 224 \quad \| -224$ $x^2 + 2x - 224 = 0$ $x_{1,2} = -1 \pm \sqrt{1^2 + 224} = -1 \pm 15$ $x_1 = 14;$ $x_2 = -16$	$2x(x - 2) = 448$ $2x^2 - 4x = 448 \quad \| -448$ $2x^2 - 4x - 448 = 0 \quad \| : 2$ $x^2 - 2x - 224 = 0$ $x_{1,2} = 1 \pm \sqrt{1^2 + 224} = 1 \pm 15$ $x_1 = 16;$ $x_2 = -14$
4. Ergebnis prüfen	Da 14 keine negative Zahl ist, muss nur −16 überprüft werden. $-16 \cdot (-16 + 2) = 224$ ✓	Da −14 keine natürliche Zahl ist, muss nur 16 überprüft werden. $2 \cdot 16 \cdot (16 - 2) = 448$ ✓
5. Antwort formulieren	Die gesuchte negative Zahl heißt −16.	Die gesuchte natürliche Zahl heißt 16.

2

a) um 2 vergrößerte Zahl: $x + 2$; Produkt $p(x) = x \cdot (x + 2)$;
Produkt in Scheitelform: $p(x) = x^2 + 2x = (x + 1)^2 - 1$; $S(-1\,|\,-1)$
Für die Zahl -1 wird das Produkt am kleinsten, nämlich -1.
b) Zahl: x; Doppeltes der Zahl: $2x$;
um 5 verminderte Zahl: $x - 5$; Produkt $p(x) = 2x \cdot (x - 5)$;
Produkt in Scheitelform: $p(x) = 2(x^2 - 5x) = 2((x - 2{,}5)^2 - 2{,}5^2)$
$= 2(x - 2{,}5)^2 - 12{,}5$; $S(2{,}5\,|\,-12{,}5)$
Für die Zahl 2,5 wird das Produkt am kleinsten, nämlich $-12{,}5$.

3

Es werden nacheinander eingesetzt:
$54 - x$; $5000 \cdot x$; $5000 \cdot x$; Brote.
Also gilt: $G = (54 - x) \cdot (300\,000 + 5000x)$
Bestimmung des Scheitelpunktes: $S(-3\,|\,16\,245\,000)$
Nebenrechnung: $G = -5000x^2 - 30\,000x + 16\,200\,000$
$G = -5000(x^2 + 6x) + 16\,200\,000$
$G = -5000((x + 3)^2 - 9) + 16\,200\,000$
$G = -5000(x + 3)^2 + 16\,245\,000$
Der maximale Gewinn ergibt sich für $x = -3$ ct und beträgt 16 245 000 ct. Dies ist eine Preiserhöhung um 3 ct, sodass das Brot dann 2,11 € kostet.

Quadratische Funktionen und quadratische Gleichungen | Merkzettel, Seite 16

▪ **Text:** quadratischen; ausklammern; binomische
Beispiele: $y = 2(x^2 - 6x) + 22$; $y = 2(x^2 - 6x + 3^2 - 3^2) + 22$;
$y = 2\big((x - 3)^2 - 9\big) + 22$; $y = 2(x - 3)^2 - 18 + 22$;
$y = 2(x - 3)^2 + 4$; $S(3\,|\,4)$
$y = x^2 + 4x + 4 - 4$; $y = (x + 2)^2 - 4$; $S(-2\,|\,-4)$

▪ **Text:** Nullstellen; Schnittpunkte
Beispiele: $x_1 \approx -1{,}75$; $x_2 \approx 0{,}75$; $x_1 \approx -1{,}75$; $x_2 \approx 1{,}25$

▪ **Text:** Wurzelziehen; Faktorisieren; Normalform; allgemeine; Division
Beispiele: 1. $x^2 - 9 = 0 \quad |+9$; $x^2 = 9$; $x_1 = 3$; $x_2 = -3$
2. $x \cdot (x - 5) = 0$; $x_1 = 0$; $x_2 = 5$
3. $x_{1,2} = -\frac{1}{2} \pm \sqrt{\left(\frac{1}{2}\right)^2 - (-1{,}25)} = -\frac{1}{2} \pm \sqrt{1{,}5}$;
$x_1 = -\frac{1}{2} + \sqrt{15}$; $x_2 = -\frac{1}{2} - \sqrt{15}$
4. $0{,}5x^2 - 2x - 2{,}5 = 0 \quad |:0{,}5$
$x^2 - 4x - 5 = 0$
$x_{1,2} = \frac{4}{2} \pm \sqrt{\left(-\frac{4}{2}\right)^2 - (-5)} = 2 \pm \sqrt{9} = 2 \pm 3$
$x_1 = 5$; $x_2 = -1$

Vergrößern und Verkleinern von Figuren – Ähnlichkeit, Seite 17

1

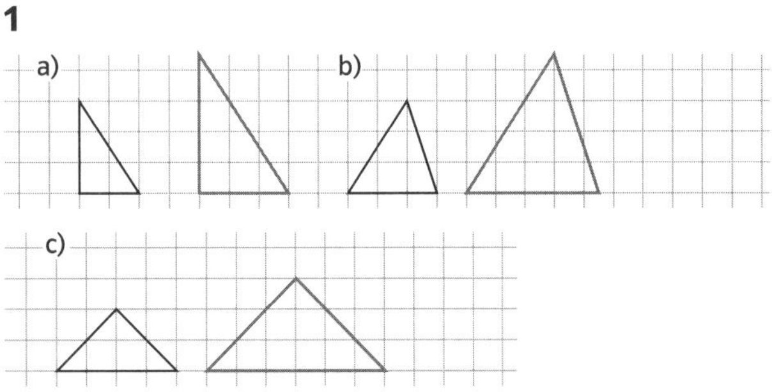

a) 90°; 56°; 34° b) 56°; 72°; 52° c) 45°; 45°; 90°

2

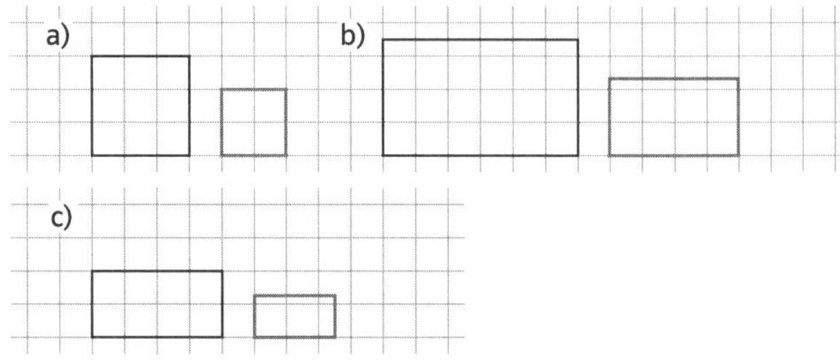

3

Der Eiffelturm ist im Bild nur 40 mm hoch.
Der Maßstab ist 40 : 321 000 oder 1 : 8025.

Der Vergrößerungsfaktor ist $\frac{1}{8025}$.

4

Maßstab 20 : 9; Plakatwand: 22,2 m × 8,9 m

5

a)

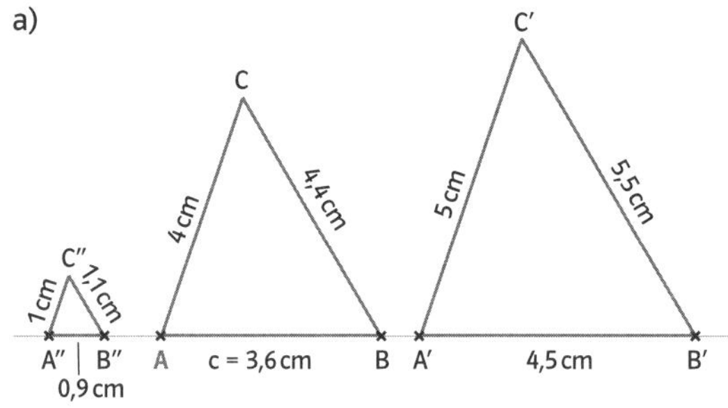

b) Vergrößerungsfaktor: $\frac{45}{36} = \frac{5}{4} = \frac{1{,}25}{1}$; $a' = 5{,}5$ cm; $b' = 5$ cm
c) Vergrößerungsfaktor: $\frac{11}{44} = \frac{1}{4} = \frac{0{,}25}{1}$; $b'' = 1$ cm; $c'' = 0{,}9$ cm

Zentrische Streckung, Seite 18

1

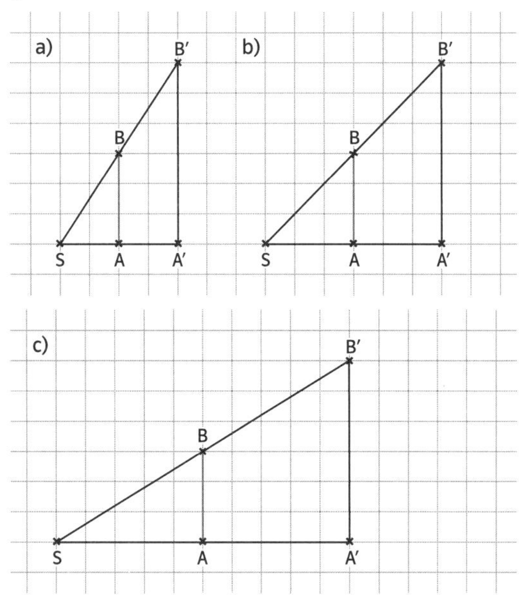

Die Bildstrecke hat stets die doppelte Länge der Ausgangsstrecke.

2

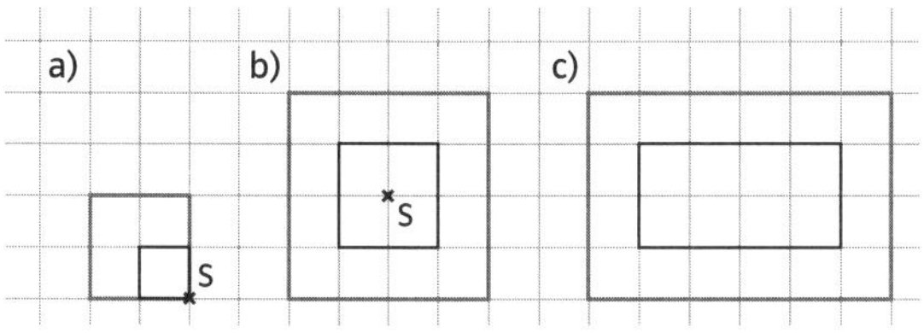

k = 2   k = 2   keine zentrische Streckung

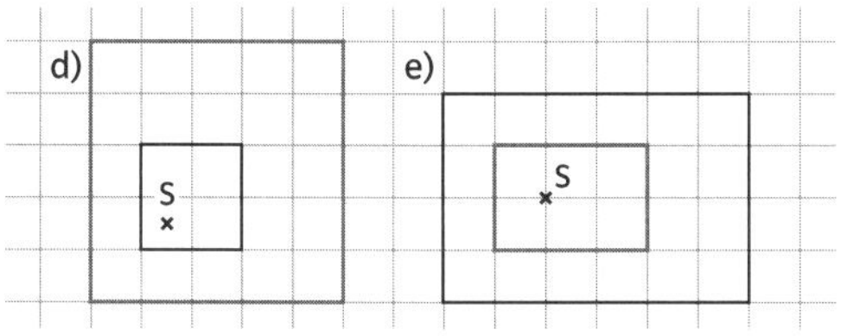

$k = \frac{5}{2} = 2{,}5$ $k = \frac{1}{2} = 0{,}5$

3

a) und b)

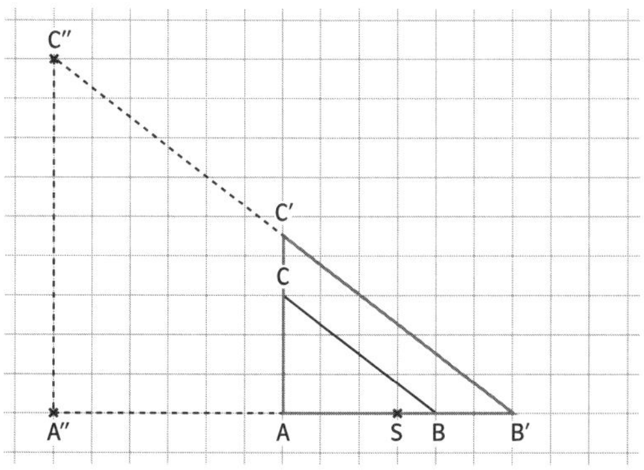

c) k = 3

4

a) und b)

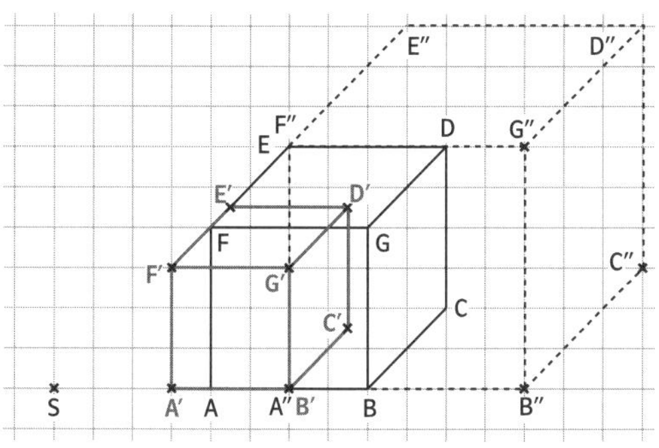

c) k = 2

Ähnliche Dreiecke, Seite 19

1

a) und b)

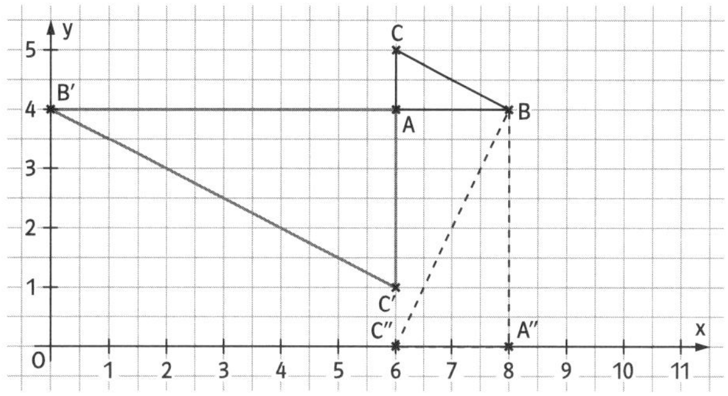

b) k = 1,5; Drehung 90° und anschließende Verschiebung

2

a) Dreieck ABE ist ähnlich zu Dreieck ACF und Dreieck BCE ist ähnlich zu Dreieck ACD.

b) $\frac{h}{3\,m} = \frac{5\,m - x}{5\,m}$; $h = 3\,m - \frac{3}{5}x$

$\frac{h}{2\,m} = \frac{x}{5\,m}$; $h = \frac{2}{5}x$

Gleichsetzen liefert: $3\,m - \frac{3}{5}x = \frac{2}{5}x$; $x = 3\,m$; $h = 1{,}2\,m$

c) $\frac{h}{3\,m} = \frac{10\,m - x}{10\,m}$; $h = 3\,m - \frac{3}{10}x$

$\frac{h}{2\,m} = \frac{x}{10\,m}$; $h = \frac{2}{10}x$

Gleichsetzen liefert: $3\,m - \frac{3}{10}x = \frac{2}{10}x$; $x = 6\,m$; $h = 1{,}2\,m$

Die Seile treffen sich in der Höhe $h = 1{,}2\,m$.

d) $\frac{h}{3\,m} = \frac{a - x}{a}$; $h = 3\,m - \frac{3\,m}{a} \cdot x$

$\frac{h}{2\,m} = \frac{x}{a}$; $h = \frac{2\,m}{a} \cdot x$

Gleichsetzen liefert: $3\,m - \frac{3\,m}{a} \cdot x = \frac{2\,m}{a} \cdot x$; $\frac{3}{5}a = x$;

$h = \frac{2\,m}{a} \cdot \frac{3}{5}a = 1{,}2\,m$

Die beiden Seile treffen sich immer in der gleichen Höhe $h = 1{,}2\,m$, …

3

a)

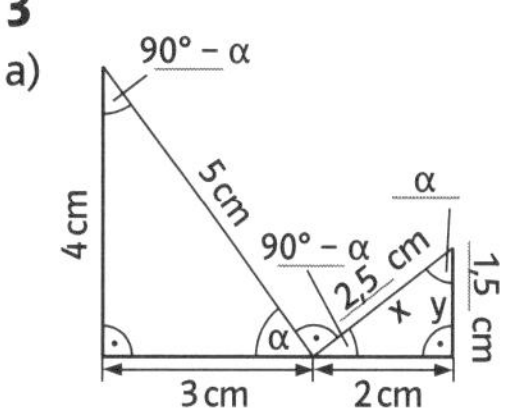

b) $\frac{x}{2\,cm} = \frac{5\,cm}{4\,cm}$; $x = 2{,}5\,cm$

$\frac{y}{2\,cm} = \frac{3\,cm}{4\,cm}$; $y = 1{,}5\,cm$

Strahlensätze (1), Seite 20

1

a) $\frac{\overline{SA}}{\overline{SP}} = \frac{\overline{SB}}{\overline{SQ}} = \frac{\overline{AB}}{\overline{PQ}}$; $\frac{\overline{BQ}}{\overline{SB}} = \frac{\overline{AP}}{\overline{SA}}$

b) $\frac{x}{y} = \frac{r}{s}$; $\frac{x}{x + y} = \frac{r}{r + s} = \frac{p}{q}$

2

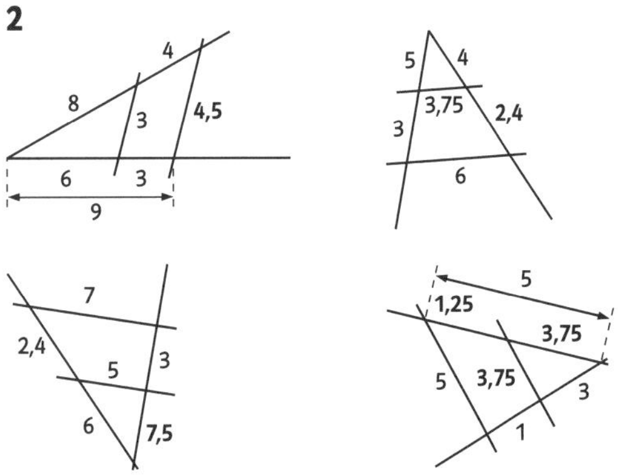

3

a) $\frac{x}{4\,cm} = \frac{3\,cm}{5\,cm}$; $x = 2{,}4\,cm$; $\frac{y}{2\,cm} = \frac{5\,cm}{3\,cm}$; $y = 3{,}33\,cm$

b) $\frac{x}{3\,cm} = \frac{12\,cm}{x}$; $x = 6\,cm$; $\frac{y}{12\,cm} = \frac{6\,cm}{6\,cm}$; $y = 12\,cm$

4

a) $\overline{SQ}$ $13{,}\overline{3}\,cm$; $\overline{PQ}$ 5 cm; $\left(k = \frac{5}{3}\right)$

b) $\overline{SP}$ 6 mm; $\overline{SB}$ 4 mm; $(k = 2)$

c) $\overline{SA}$ 2 dm; $\overline{SQ}$ 22,5 cm; $(k = 1{,}5)$

d) $\overline{SP}$ 14 dm; $\overline{AB}$ 60 cm; $(k = 1{,}4)$

Strahlensätze (2), Seite 21

1

$\frac{b+c}{b} = \frac{e+f}{e} = \frac{i}{h}$ $\quad$ $\frac{h}{i} = \frac{b}{b+c} = \frac{e}{e+f}$

$\frac{i}{b+c} = \frac{h}{b} = \frac{g}{d}$ $\quad$ $\frac{b}{e} = \frac{a}{d} = \frac{c}{f} = \frac{b+c}{e+f}$

2

$\frac{x}{1{,}4\,cm} = \frac{6\,cm}{2\,cm}$; $x = 4{,}2\,cm$

$\frac{y}{6\,cm} = \frac{6{,}7\,cm - y}{2\,cm}$; $2\,cm \cdot y = 40{,}2\,cm^2 - 6\,cm \cdot y$;

$8\,cm \cdot y = 40{,}2\,cm^2$

$y \approx 5{,}0\,cm$

$\frac{z}{8{,}2\,cm} = \frac{2\,cm}{6\,cm}$; $z \approx 2{,}7\,cm$

3

$\frac{x}{9\,m} = \frac{2\,m}{6\,m}$; $x = 3\,m$

Fatih: $\frac{y_1}{15\,m} = \frac{9\,m - x}{9\,m} = \frac{6\,m}{9\,m}$; $y_1 = 10\,m$

$\frac{y_2}{6\,m} = \frac{9\,m - x}{9\,m} = \frac{6\,m}{9\,m}$; $y_2 = 4\,m$

Also: $y = y_1 + y_2 = 10\,m + 4\,m = 14\,m$

Lazaros: $\frac{y}{21\,m} = \frac{9\,m - x}{9\,m} = \frac{6\,m}{9\,m}$; $y = 14\,m$

Überlegung zu Lazaros' Idee:

Aus $\frac{y_1}{15\,m} = \frac{2}{3}$ und $\frac{y_2}{6\,m} = \frac{2}{3}$ folgt $y_1 = \frac{2}{3} \cdot 15\,m$ und $y_2 = \frac{2}{3} \cdot 6\,m$

$y_1 + y_2 = \frac{2}{3} \cdot 15\,m + \frac{2}{3} \cdot 6\,m = \frac{2}{3} \cdot (15\,m + 6\,m)$

$\frac{y_1 + y_2}{15\,m + 6\,m} = \frac{2}{3}$

Strahlensatz: In jeder Strahlensatzfigur mit drei oder mehr Strahlen verhalten sich die Abschnitte auf den Parallelen wie die vom Anfangspunkt aus gemessenen entsprechenden Abschnitte auf jedem Strahl.

Strahlensätze (3), Seite 22

1

$\frac{h}{1{,}75\,m} = \frac{9{,}4\,m}{1{,}4\,m}$; $h = 11{,}75\,m$

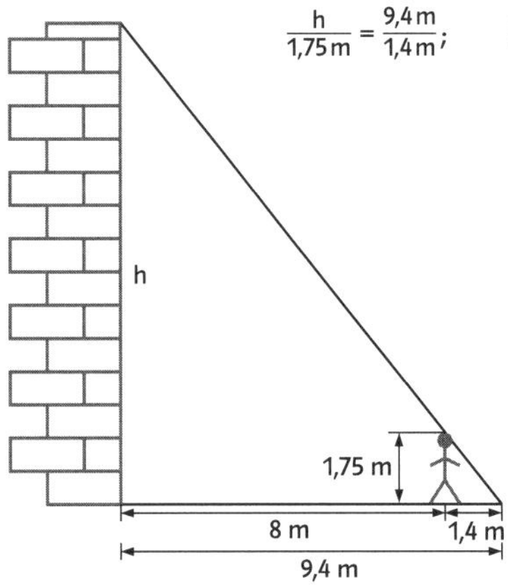

2

a) Bild wird größer. b) Bild wird kleiner. c) 60 cm

3

a) Schatten wird kleiner.

b) Der Schatten ist dann doppelt so groß wie sie.

c) 5,30 m

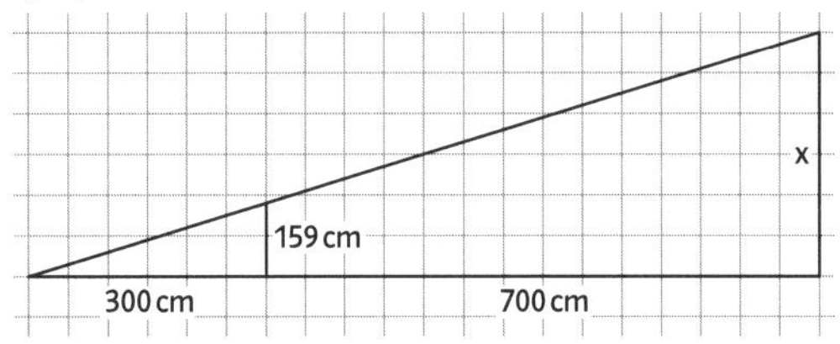

4

Es fehlt die Entfernung des Kirchturms.

Ähnliche Figuren – Strahlensätze | Merkzettel, Seite 23

- **Text:** Seiten; Winkel

Beispiele: $\frac{b}{b'} = \frac{c}{c'} = \frac{d}{d'}$ β'; γ'; δ'

- **Beispiele:** β'; γ'; $\frac{b}{b'} = \frac{c}{c'}$

- **Beispiele:** k = 2

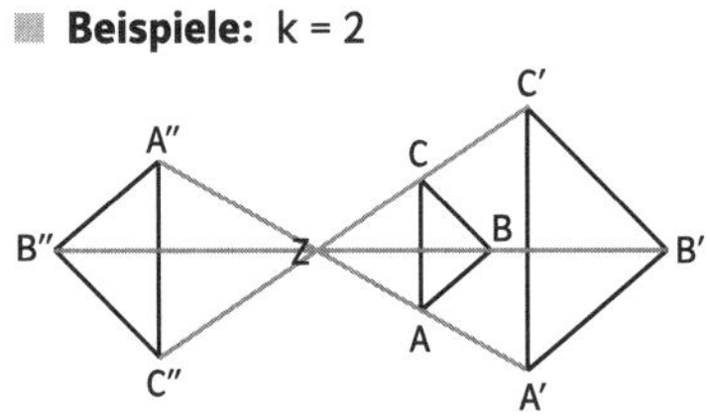

- **Beispiele:** $\frac{\overline{SA}}{\overline{SA'}}$; $\frac{\overline{SA}}{\overline{SA'}}$

Üben und Wiederholen | Training 1, Seite 24

1

b) $y = (x + 7)^2 - 49$ $\quad$ c) $y = 2(x - 1)^2 + 20$

d) $y = -\frac{1}{2}\left(x + \frac{1}{4}\right)^2 + \frac{1}{32}$

2

a) $p = -2$; $q = 1$

$x_{1,2} = 1 \pm \sqrt{1-1} = 1$

$x_1 = 1$ (ist die einzige Lösung)

b) $z^2 + 8z + 15 = 0$

$p = 8$; $q = 15$

$z_{1,2} = -4 \pm \sqrt{16-15} = -4 \pm 1$

$z_1 = -5$; $z_2 = -3$

c) $-2x^2 - 7x + 4 = 0$

$x^2 + 3{,}5x - 2$

$p = 3{,}5$; $q = -2$

$x_{1,2} = -1{,}75 \pm \sqrt{3{,}0625 + 2}$

$x_1 = -4$ und $x_2 = 0{,}5$

3

a) 2,5 b) 310 c) $\frac{1}{30\,000}$ d) $\frac{1}{20\,000}$

4

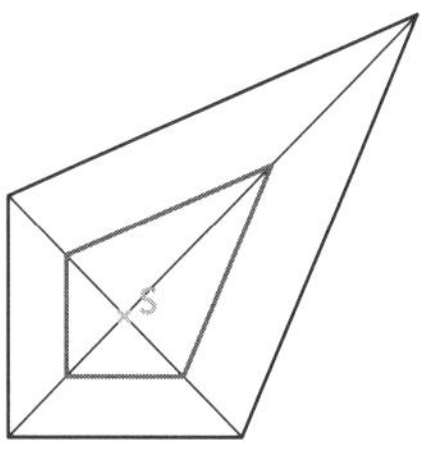

5

Der Streckfaktor ist 21. Der Hund ist in Wirklichkeit 31,5 cm groß.

6

Aufgrund der Strahlensätze gilt:

$\frac{y}{30} = \frac{50}{40}$; daraus folgt $y = 37{,}5$ m und

$\frac{x}{50} = \frac{10}{40}$; daraus folgt $x = 12{,}5$ m.

Der Satz des Pythagoras (1), Seite 25

1

Farbig markiert wird

a) c b) d c) h d) a

Der rechte Winkel liegt bei

a) C b) D c) H d) A

2

a) $a^2 + b^2 = c^2$ b) $e^2 + f^2 = d^2$

c) $k^2 + g^2 = h^2$ d) $b^2 + c^2 = a^2$

3

b) $d^2 = e^2 + f^2 = (6\,cm)^2 + (8\,cm)^2 = 36\,cm^2 + 64\,cm^2 = 100\,cm^2$;

$d = 10\,cm$

c) $k^2 = h^2 - g^2 = (8\,cm)^2 - (6\,cm)^2 = 64\,cm^2 - 36\,cm^2 = 28\,cm^2$;

$k = 5{,}29\,cm$

d) $c^2 = a^2 - b^2 = (11\,cm)^2 - (10\,cm)^2 = 121\,cm^2 - 100\,cm^2 = 21\,cm^2$;

$c = 4{,}58\,cm$

4

a) Hypotenuse 11,2 cm b) zweite Kathete 10,2 cm

c) erste Kathete 17,2 m d) zweite Kathete 240 cm

e) Hypotenuse 101 cm f) zweite Kathete 8 mm

g) Hypotenuse 2,2 km

5

a) $3{,}5^2 + 1{,}2^2 = 13{,}69$
rechtwinklig

b) $2^2 + 2^2 = 8$
$2{,}9^2 = 8{,}41$
nicht rechtwinklig

c) $2{,}8^2 + 4{,}5^2 = 28{,}09$
$5{,}3^2 = 28{,}09$
rechtwinklig

d) $4{,}8^2 + 5{,}5^2 = 53{,}29$
$7{,}3^2 = 53{,}29$
rechtwinklig

6

a) $a^2 = h^2 + (d-b)^2$ b) $e^2 + b^2 = c^2$; $e^2 + a^2 = d^2$

c) $\overline{DB}^2 = \overline{BC}^2 + \overline{DC}^2 = \overline{DA}^2 + \overline{BA}^2$

Der Satz des Pythagoras (2), Seite 26

1

a) $a = 4{,}24\,cm$; $h = 2{,}12\,cm$

b) $c = 6{,}5\,cm$; $h = 2{,}31\,cm$; $p \approx 5{,}54\,cm$; $q \approx 0{,}96\,cm$

c) $x \approx 5{,}66\,cm$

2

a) 40 %

$A_{ADB} = \frac{1}{2} \cdot 4\,cm \cdot 2{,}5\,cm = 5\,cm^2$; $A_{BEC} = \frac{1}{2} \cdot 5\,cm \cdot 2\,cm = 5\,cm^2$;

$A_{ACF} = \frac{1}{2} \cdot 2\,cm \cdot 2{,}5\,cm = 2{,}5\,cm^2$

$A_{orange} = 4\,cm \cdot 5\,cm - A_{ADB} - A_{BEC} - A_{ACF}$
$= 20\,cm^2 - 5\,cm^2 - 5\,cm^2 - 2{,}5\,cm^2 = 7{,}5\,cm^2$

Der gefärbte Anteil beträgt 37,5 %.

b) $\overline{AB}^2 = (4\,cm)^2 + (2{,}5\,cm)^2$; $\overline{AB} \approx 4{,}7\,cm$

$\overline{BC}^2 = (5\,cm)^2 + (2\,cm)^2$; $\overline{BC} \approx 5{,}4\,cm$

$\overline{CA}^2 = (2\,cm)^2 + (2{,}5\,cm)^2$; $\overline{CA} \approx 3{,}2\,cm$

$U = \overline{AB} + \overline{BC} + \overline{CA} \approx 13{,}3\,cm$

3

$(20\,cm)^2 + (d - 8\,cm)^2 = d^2$;

$400\,cm^2 + d^2 - (16\,cm) \cdot d + 64\,cm^2 = d^2$

$464\,cm^2 - (16\,cm) \cdot d = 0$; $d = 29\,cm$

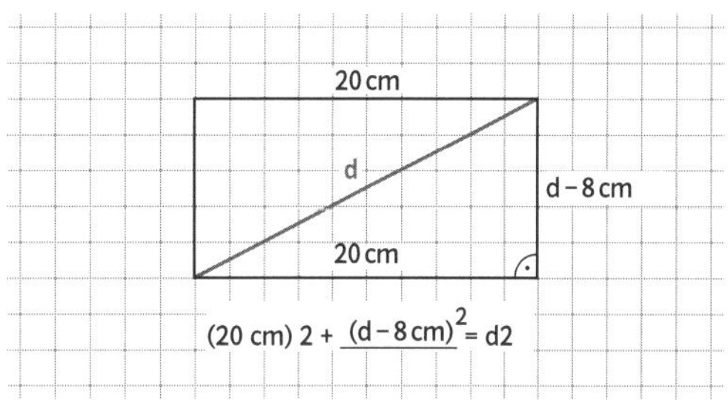

4

$(f_1)^2 = (3{,}6\,cm)^2 - (2\,cm)^2$; $f_1 \approx 2{,}99\,cm$

$f_2 = 5\,cm - f_1 \approx 2{,}01\,cm$

$b^2 = (2\,cm)^2 + f_2^2$; $b \approx 2{,}83\,cm$

$A = 2 \cdot \frac{1}{2} \cdot f_2 \cdot \frac{e}{2} + 2 \cdot \frac{1}{2} \cdot f_1 \cdot \frac{e}{2} = f_2 \cdot \frac{e}{2} + f_1 \cdot \frac{e}{2} = f \cdot \frac{e}{2} = \frac{1}{2} \cdot e \cdot f$

$= \frac{1}{2} \cdot 4\,cm \cdot 5\,cm = 10\,cm^2$

Katheten- und Höhensatz, Seite 27

1

$a^2 = c \cdot p = 5\,cm \cdot 1{,}8\,cm = 9\,cm^2$, also $a = 3\,cm$

$b^2 = c \cdot q = 5\,cm \cdot 3{,}2\,cm = 16\,cm^2$, also $b = 4\,cm$

2

a) $f^2 = e \cdot d$ b) $h^2 = q \cdot (c - q)$

3

	a	b	c	p	q
a)	4,58 cm	5,29 cm	7 cm	3 cm	4 cm
b)	6,63 cm	8,77 cm	11 cm	4 cm	7 cm
c)	3 cm	4 cm	5 cm	1,8 cm	3,2 cm
d)	6 cm	6,71 cm	9 cm	4 cm	5 cm

4

h = 30 mm

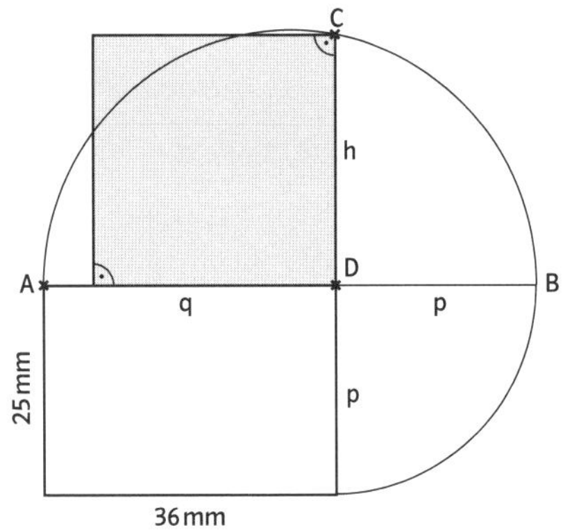

5

a) $b^2 = r \cdot s$ (HS)
b) $c^2 = s \cdot (r + s)$ (KS)
c) $a^2 = p \cdot q$ (HS)
d) $q \cdot (p + q) = b^2$ (KS)
e) $r^2 = p \cdot (p + q)$ (KS)
f) z. B. $(p + q)^2 = r \cdot (r + s)$ (KS) oder $b^2 = q \cdot (p + q)$ (KS)

6

Die richtige Reihenfolge lautet: VI → V → IV → II → III → I
Fehler bei I, richtig ist: c = 15 cm

Pythagoras in Figuren und Körpern (1), Seite 28

1

a) $x = \sqrt{(6370 + 3)^2 - (6370)^2} \approx 195{,}52$
Peter kann bei klarer Sicht ca. 200 km weit sehen.

b) $x = \sqrt{(6370 + 8)^2 - (6370)^2} \approx 319{,}35$;

Veränderung: $\frac{195{,}52}{319{,}35} \approx 0{,}612$, also plus 61,2 %

c) Eingefügt werden nacheinander: 21 km; 6370 km; Turmhöhe; Erdradius
$21^2 + 6370^2 = (6370 + y)^2 \quad | \sqrt{\ }$
$6370{,}03 = 6370 + y$
$y \approx 0{,}034\,\text{km} = 34\,\text{m}$
Peter steht auf einer Höhe von ca. 34 m. Damit ist der Turm 36 m hoch.

2

a) $x = \sqrt{1871^2 + (1670 - 693)^2} \approx 2111\,\text{m}$

b) $x = \sqrt{1217^2 + (2336 - 1670)^2} \approx 1387\,\text{m}$

3

a) $x = \sqrt{2^2 + 6^2} \approx 6{,}32$; $6 + 2 - 6{,}32 = 1{,}68$
Der Kirchweg ist 6,32 km lang. Damit ist er 1,68 km kürzer als der Weg außen herum.

b) $\frac{6{,}32}{8} = 0{,}79 = 79\,\%$, d. h. die Abkürzung ist um 21 % kürzer.

c) Hauptstraße und Höhenweg: $t_1 = \frac{8\,\text{km}}{50\,\text{km/h}} = 0{,}16\,\text{h} = 9\,\text{min}\ 36\,\text{s}$

Abkürzung: $t_2 = \frac{6{,}32\,\text{km}}{30\,\text{km/h}} = 0{,}21\,\text{h} = 12\,\text{min}\ 39\,\text{s}$

Zeitlich lohnt sich die Abkürzung nicht!

4

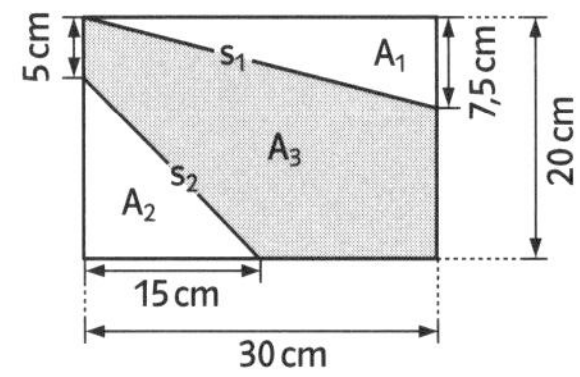

Flächeninhalt:

$A_1 = \frac{1}{2} \cdot 7{,}5\,\text{cm} \cdot 30\,\text{cm} = 112{,}5\,\text{cm}^2$

$A_2 = \frac{1}{2} \cdot 15\,\text{cm} \cdot 15\,\text{cm} = 112{,}5\,\text{cm}^2$

$A_{Rechteck} = 20\,\text{cm} \cdot 30\,\text{cm} = 600\,\text{cm}^2$

$A_3 = A_{Rechteck} - A_1 - A_2 = 375\,\text{cm}^2$

Umfang:

$s_1 = \sqrt{(30\,\text{cm})^2 + (7{,}5\,\text{cm})^2} \approx 30{,}92\,\text{cm}$

$s_2 = \sqrt{(15\,\text{cm})^2 + (15\,\text{cm})^2} \approx 21{,}21\,\text{cm}$

$U = s_1 + s_2 + 15\,\text{cm} + 12{,}5\,\text{cm} + 5\,\text{cm}$

$U = 30{,}92\,\text{cm} + 21{,}21\,\text{cm} + 15\,\text{cm} + 12{,}5\,\text{cm} + 5\,\text{cm} = 84{,}63\,\text{cm}$

Pythagoras in Figuren und Körpern (2), Seite 29

1

Höhe des Bildschirms: 60 cm; Breite des Bildschirms: 80 cm

2

Man kann den Schrank überhaupt nicht aufstellen.
Diagonalen auf den Seitenflächen, die die Höhe 2,40 m enthalten:

$d_1 = \sqrt{(2{,}40\,\text{m})^2 + (0{,}8\,\text{m})^2} = 2{,}53\,\text{m}$

$d_2 = \sqrt{(2{,}40\,\text{m})^2 + (1{,}8\,\text{m})^2} = 3\,\text{m}$

Raumdiagonale:

$d_R = \sqrt{(2{,}40\,\text{m})^2 + (1{,}8\,\text{m})^2 + (0{,}8\,\text{m})^2} = 3{,}10\,\text{m}$

3

Pythagoras im Dreieck FPB:
$\overline{BP}^2 = (1\,\text{cm})^2 + (2\,\text{cm})^2 = 5\,\text{cm}^2$; $\overline{BP} = \sqrt{5}\,\text{cm}$
Kathetensatz:
$\overline{BP}^2 = 1\,\text{cm} \cdot 2 \cdot r$; $r = \frac{\overline{BP}^2}{2\,\text{cm}} = \frac{5\,\text{cm}^2}{2\,\text{cm}} = 2{,}5\,\text{cm}$

4

a) d = 5 cm; e = 13 cm
b) $d^2 = a^2 + b^2$; $e^2 = c^2 + d^2$
$e^2 = c^2 + a^2 + b^2 = a^2 + b^2 + c^2$ oder $e = \sqrt{a^2 + b^2 + c^2}$

5

Raumdiagonale der Schachtel:

$d_R = \sqrt{(12{,}7\,\text{cm})^2 + (5\,\text{cm})^2 + (2{,}6\,\text{cm})^2} = \sqrt{193{,}05\,\text{cm}^2} \approx 13{,}89\,\text{cm}$

Die Nadel passt nicht in die Schachtel.

Pythagoras in Figuren und Körpern (3), Seite 30

1

	a	b	c	h	Giebelfläche	Volumen
a)	10 m	5 m	6,5 m	6 m	$15\,\text{m}^2$	$150\,\text{m}^3$
b)	7 m	4 m	5,4 m	5 m	$10\,\text{m}^2$	$70\,\text{m}^3$

2

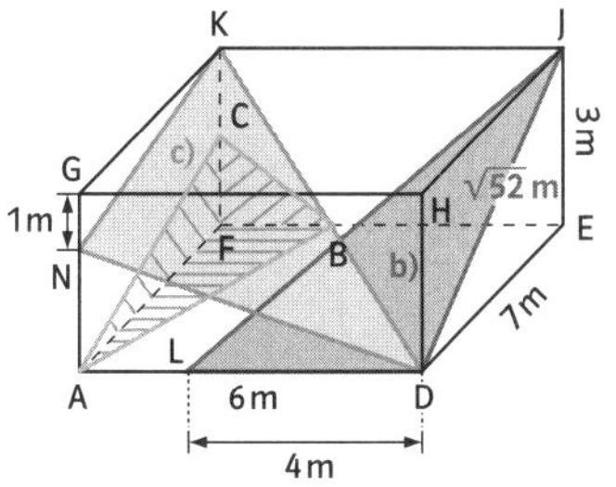

a) $\overline{AB} = \sqrt{53}\,m$ $\overline{BC} = \sqrt{6{,}25}\,m = 2{,}5\,m$ $\overline{AC} = \sqrt{51{,}25}\,m$

b) Es gibt mehrere Möglichkeiten; ein solches Dreieck ist z. B. das Dreieck LDJ (siehe Skizze). Für die Dreieckseiten gilt:
$\overline{LD} = 4\,cm$; $\overline{DJ} = \sqrt{58}\,cm$; $\overline{LJ} = \sqrt{74}\,cm$.

c) Es gibt vier solche Dreiecke, je eins zu jeder der vier Raumdiagonalen, z. B. das Dreieck KND (siehe Skizze). Für die Dreieckseiten gilt: $\overline{KN} = \sqrt{50}\,cm$; $\overline{DN} = \sqrt{40}\,cm$; $\overline{KD} = \sqrt{94}\,cm$.

3

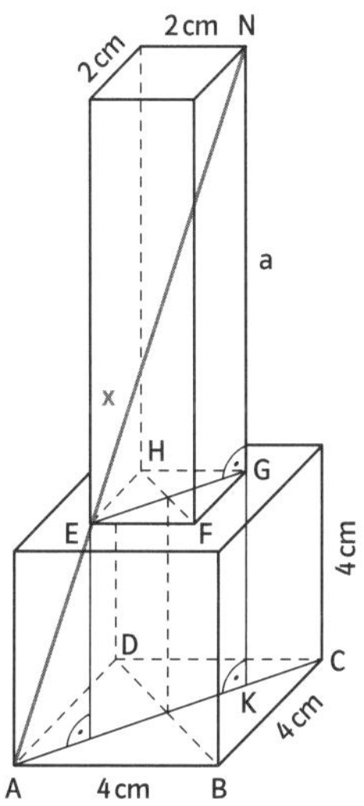

a) $V_{Würfel} = 64\,cm^3$

halbes Würfelvolumen: $32\,cm^3$

Höhe des Quaders: $a = \frac{32\,cm^3}{(2\,cm)^2} = 8\,cm$

Um die Länge der Strecke x im Dreieck AKN zu bestimmen, muss zuerst die Länge der Strecke $\overline{AK}$ berechnet werden.

$\overline{KC} = \frac{1}{2} \cdot (\overline{AC} - \overline{EG}) = \frac{1}{2} \cdot (4\sqrt{2} - 2\sqrt{2})$

$= \sqrt{2}\,cm$ und somit

$\overline{AK} = \overline{EG} + \overline{KC} = 3\sqrt{2}\,cm$

Der Satz des Pythagoras im Dreieck AKN ergibt
$x = \sqrt{162}\,cm = 9 \cdot \sqrt{2}\,cm \approx 12{,}73\,cm$.

b) Man berechnet zuerst die Längen der Strecken $\overline{AE}$ und $\overline{EN}$. Ist die Summe dieser Längen gleich groß wie die Länge der Strecke $\overline{AN}$, so liegen die Punkte A, E und N auf einer Geraden bzw. die orange Linie geht durch die Ecke E des Quaders.

$\overline{AE} = \sqrt{2 + 4^2}\,cm = \sqrt{18}\,cm = 3\sqrt{2}\,cm$

$\overline{EN} = \sqrt{(2\sqrt{2})^2 + 8^2}\,cm = \sqrt{72}\,cm = 6\sqrt{2}\,cm$

Aus $3\sqrt{2}\,cm + 6\sqrt{2}\,cm = 9\sqrt{2}\,cm$ folgt $\overline{AE} + \overline{EN} = \overline{AN}$.

Formeln verstehen: Pyramiden und Kegel, Seite 31

1

a)

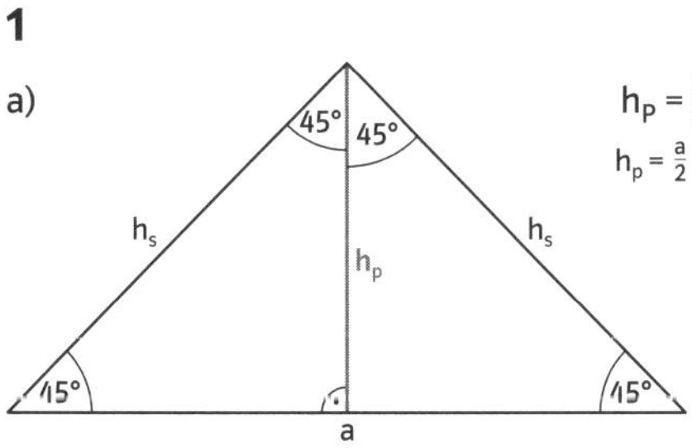

$h_P = \frac{a}{2}$

$h_p = \frac{a}{2}$

Höhe $h_s = \sqrt{\left(\frac{a}{2}\right)^2 + \left(\frac{h}{2}\right)^2} \approx 2{,}47\,m$; $A_S = \frac{a}{2} \cdot h_s \approx 4{,}32\,m^2$

b) Mantelfläche $M = 4 \cdot A_S \approx 17{,}28\,m^2$

c) $V = \frac{1}{3} \cdot a^2 \cdot h_P$ $h_P = \frac{a}{2} \approx 1{,}75\,m$

$V \approx 7{,}15\,m^3$

2

a) $d = \sqrt{a^2 + b^2} = \sqrt{6^2 + 10^2}\,cm \approx 11{,}66\,cm$

b) $h_a = \sqrt{h + \left(\frac{b}{2}\right)^2} \approx 9{,}43\,cm$; $h_b = \sqrt{h^2 + \left(\frac{a}{2}\right)^2} \approx 8{,}54\,cm$

c) $M = 2 \cdot \frac{1}{2} \cdot b \cdot h_b + 2 \cdot \frac{1}{2} \cdot a \cdot h_a = b \cdot h_b + a \cdot h_a \approx 142{,}04\,cm^2$

$O = M + G \approx 202{,}04\,cm^2$

d) $V = \frac{1}{3} \cdot a \cdot b \cdot h = \frac{1}{3} \cdot 6\,cm \cdot 10\,cm \cdot 8\,cm = 160\,cm^3$

e) Es gilt $\tan\alpha = 2 \cdot \frac{h}{b} = 1{,}6$, somit ist $\alpha \approx 58{,}0°$;
$\tan\beta = 2 \cdot \frac{h}{a} = \frac{8}{3}$, somit ist $\beta \approx 69{,}44°$.

3

a) Bei dem Zelt handelt es sich angenähert um einen Kegel.

b) $A = \pi \cdot r^2 = \pi \cdot (12{,}5\,m)^2 \approx 490{,}9\,m^2$

$s = \sqrt{h^2 + r^2} = \sqrt{35^2 + 12{,}5^2}\,m \approx 37{,}17\,m$

$V = \frac{1}{3} \cdot A \cdot h \approx 5726{,}86\,m^3$

c) $M = \pi \cdot r \cdot s \approx 1459{,}47\,m^2$

Formeln anwenden: Kugeln und andere Körper, Seite 32

1

Richtig ist:

a) $\frac{3}{4}V = \pi r^3$ $|:\pi$

$\frac{3 \cdot V}{4 \cdot \pi} = r^3$ $|\sqrt[3]{\ }$

$\sqrt[3]{\frac{3 \cdot V}{4 \cdot \pi}} = r$

b) $O = 4\pi r^2$ $|:4$

$\frac{O}{4} = \pi r^2$ $|:\pi$

$\frac{O}{4\pi} = r^2$ $|\sqrt[2]{\ }$

$\sqrt{\frac{O}{4\pi}} = r$

2

$V_{Erde} = 3{,}7^3 \cdot V_{Mond} = 50{,}653 \cdot V_{Mond}$

$O_{Erde} = 3{,}7^2 \cdot O_{Mond} = 13{,}69 \cdot V_{Mond}$

3

Die Schwimmboje besteht aus einer Halbkugel, einem Zylinder und einem Kegel.

a) $V_{Halbkugel} = \frac{1}{2} \cdot \frac{4}{3} \cdot \pi \cdot 13^3\,cm^3 \approx 4601{,}39\,cm^3$

$V_{Zylinder} = \pi \cdot 23^2 \cdot 45\,cm^3 \approx 74\,785{,}6\,cm^3$

$V_{Kegel} = \frac{1}{3} \cdot \pi \cdot 23^2 \cdot 80\,cm^3 \approx 44\,317{,}4\,cm^3$

$V_{Gesamt} = V_{Halbkugel} + V_{Zylinder} + V_{Kegel} \approx 123\,704{,}39\,cm^3 \approx 0{,}124\,m^3$

b) $O_{Halbkugel} = \frac{1}{2} \cdot 4 \cdot \pi \cdot 13^2\,cm^2$

$O_{Zylinder} = 2 \cdot \pi \cdot 23 \cdot 45\,cm^2$

$M_{Kegel} = \pi \cdot 23 \cdot \sqrt{80^2 + 23^2}\,cm^2$

$O_{Ring} = \pi \cdot (23^2 - 13^2)\,cm^2$

$O_{Gesamt} = O_{Halbkugel} + M_{Zylinder} + M_{Kegel} + O_{Ring}$

$O_{Gesamt} = \frac{1}{2} \cdot 4 \cdot \pi \cdot 13^2\,cm^2 + 2 \cdot \pi \cdot 23 \cdot 45\,cm^2 + \pi \cdot 23 \cdot \sqrt{80^2 + 23^2}\,cm^2 + \pi \cdot (23^2 - 13^2)\,cm^2 \approx 14\,710{,}6\,cm^2 \approx 1{,}47\,m^2$

4

a) $r = 100\,cm = 1\,m$; $h = 10\,cm = 0{,}1\,m$

$V_{Kugelabschnitt} = \frac{1}{3} \cdot \pi \cdot h^2 \cdot (3r - h) =$

$\frac{1}{3} \cdot \pi \cdot 0{,}1^2\,m^2 \cdot (3 \cdot 1\,m - 0{,}1\,m) \approx 0{,}030\,37\,m^3$

$V_{Kugelschicht} = V_{Kugel} - 2 \cdot V_{Kugelabschnitt} \approx 4{,}13\,m^3$

b) $V = \frac{4}{3}\pi r^3 - 2 \cdot \frac{1}{3}\pi h^2(3r - h) = \frac{2}{3}\pi h^3 - 2\pi r h^2 + \frac{4}{3}\pi r^3$

mit $r = 1\,\text{m}$: $V = \frac{2}{3}\pi h^3 - 2\pi \cdot 1\,\text{m} \cdot h^2 + \frac{4}{3}\pi \cdot 1\,\text{m}^3$

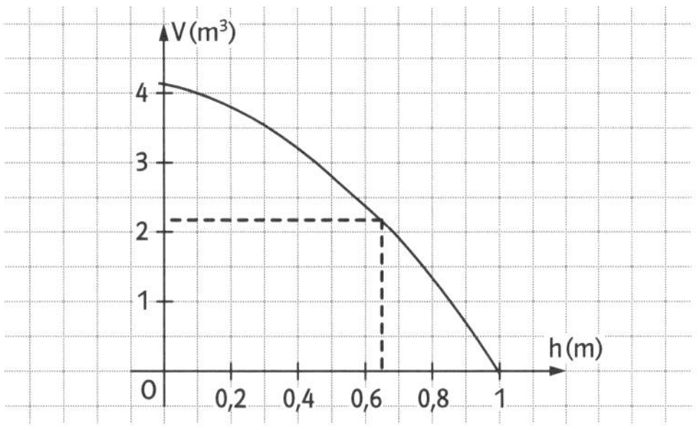

c) Höhe h der Kugelabschnitte, bei der das Volumen der Kugelschicht halb so groß wie das der Kugel ist:
$h \approx 0{,}6527\,\text{m} = 65{,}27\,\text{cm}$.

Vorwärts- und Rückwärtsarbeiten (1), Seite 33

1

a) Die Reihenfolge des Vorgehens ist: IV; II; III; V; I

b) Reihenfolge der Werkzeuge: B; A

Durchmesser der Regentonne: 79,8 cm

2

a) Reihenfolge: (7); (1); (2); (4); (6); (8); (5); (3)

b)

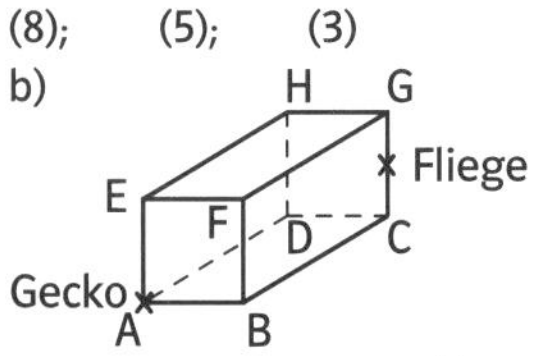

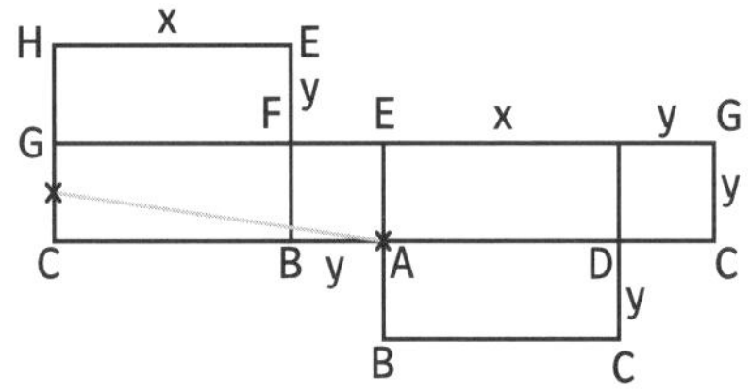

1: $\sqrt{(x + y)^2 + \left(\frac{y}{2}\right)^2} = 8{,}485\,\text{m}$

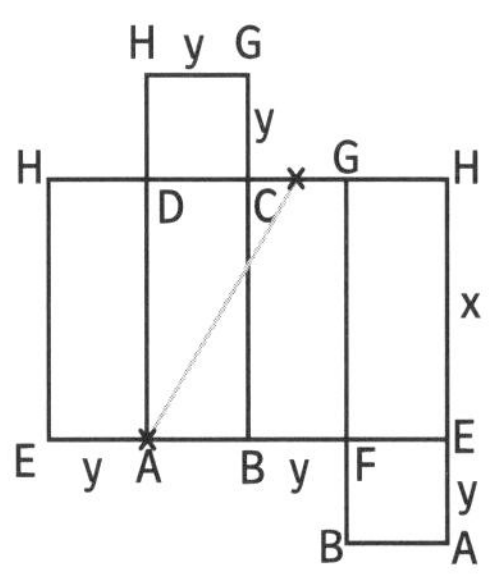

2: $\sqrt{x^2 + \left(\frac{3}{2}y\right)^2} = 6{,}997\,\text{m}$

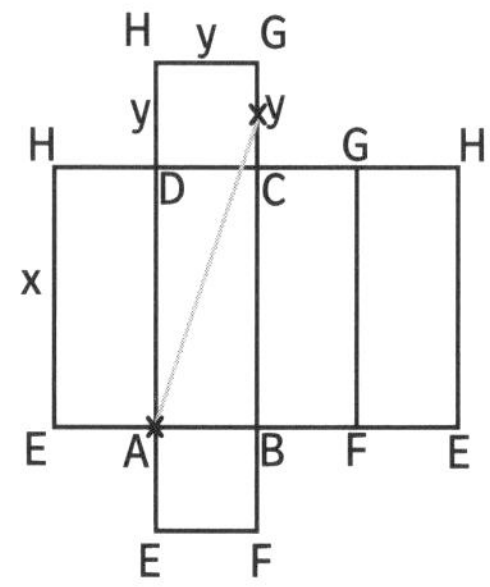

3: $\sqrt{\left(x + \frac{y}{2}\right)^2 + y^2} = 7{,}589\,\text{m}$

Der kürzeste Weg hat die Länge 6,997 m. Benutzes Werkzeug: C

Vorwärts- und Rückwärtsarbeiten (2), Seite 34

1

Siehe Figur 1

(1) $V_{\text{ganzer Kegel}} - V_{\text{abgeschnittener Kegel}} =$

$\frac{1}{3}\pi (h + h_1) \cdot (r_1)^2 - \frac{1}{3}\pi \cdot h_1 \cdot (r_2)^2$

Bestimmung der Höhe h_1 mit dem 2. Strahlensatz:

$\frac{(h_1 + 8\,\text{cm})}{h_1} = \frac{10\,\text{cm}}{6\,\text{cm}}$; $h_1 = 12\,\text{cm}$

$V_{\text{Kegelstumpf}} = \frac{1}{3}\pi \cdot (10\,\text{cm})^2 \cdot 20\,\text{cm} - \frac{1}{3}\pi \cdot (6\,\text{cm})^2 \cdot 12\,\text{cm} \approx 1642\,\text{cm}^3$

(2) $V_{\text{Bohrkegel}} = \frac{1}{3}\pi \cdot (6\,\text{cm})^2 \cdot 8\,\text{cm} \approx 301{,}6\,\text{cm}^3$

(3) $V \approx 1642\,\text{cm}^3 - 301{,}6\,\text{cm}^3 = 1340{,}4\,\text{cm}^3$

Masse = Dichte · Volumen;

Masse des Holzkörpers $\approx \frac{0{,}5\,\text{g}}{\text{cm}^3} \cdot 1340{,}4\,\text{cm}^3 = 670{,}2\,\text{g}$

Somit wiegt der Holzkörper 670,2 g.

2

a)

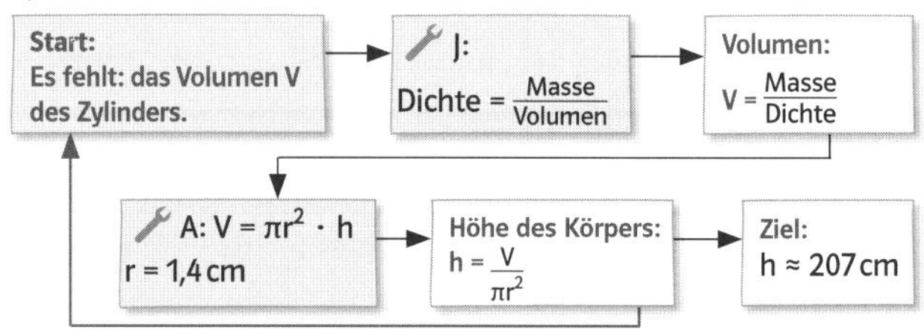

b) $V = \frac{\text{Masse}}{\text{Dichte}} = \frac{10\,000\,\text{g}}{7{,}86\,\text{g/cm}^3} \approx 1272\,\text{cm}^3$;

$h = \frac{V}{\pi r^2} = \frac{1272\,\text{cm}^3}{\pi \cdot (1{,}4\,\text{cm})^2} \approx 207\,\text{cm}$

Die Länge der Hantelstange beträgt etwa 2,07 m.

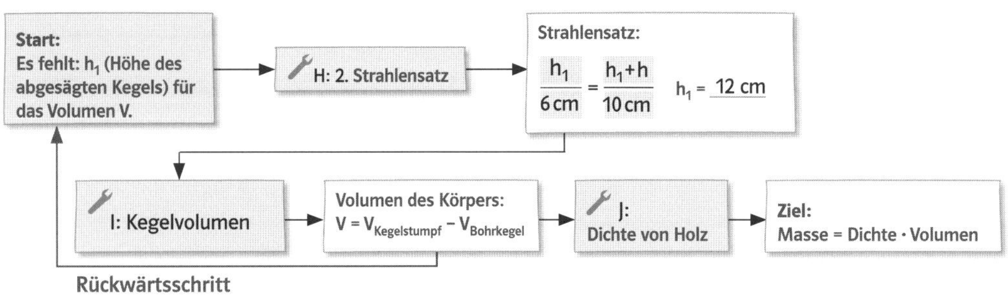

Figur 1

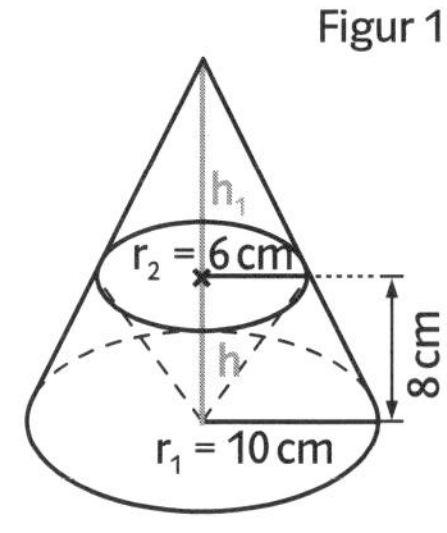

Formeln in Figuren und Körpern | Merkzettel, Seite 35

Text: $a^2 + b^2 = c^2$; $a^2 + b^2 = c^2$
Beispiele: $a^2 = c^2 - b^2 = 44{,}37\,cm^2$; $a = \sqrt{c^2 - b^2} \approx 6{,}7\,cm$
$b^2 = a^2 + c^2 = 32{,}93\,cm^2$; $b = \sqrt{a^2 + c^2} \approx 5{,}7\,cm$;
ja; nein

Text: Flächeninhalt; $a^2 = p \cdot c$; $b^2 = q \cdot c$
Beispiele: $a^2 = p \cdot c$

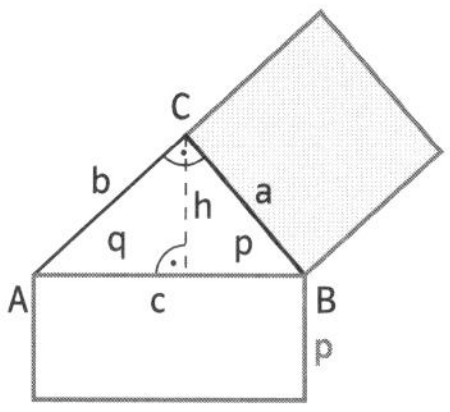

Text: Flächeninhalt; $h^2 = p \cdot q$
Beispiele:

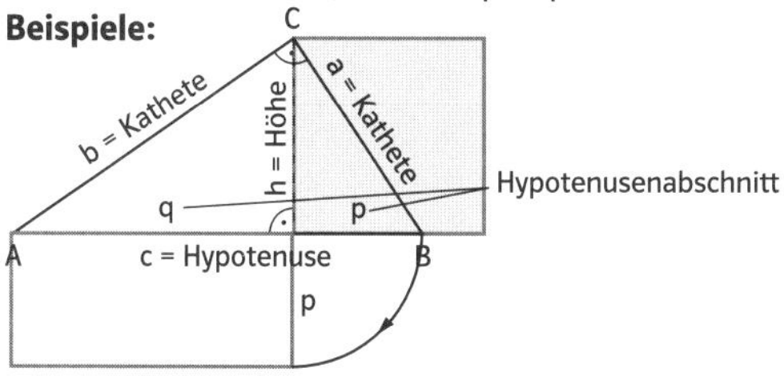

Text: Pyramide D; Kegel B; Tetraeder nicht abgebildet; Oktaeder C; Kugel nicht abgebildet; Kugelabschnitt G; Kugelausschnitt E; Ring (Torus) A.
Abbildung F (Kegelstumpf) nicht in der Tabelle angegeben.

Zehnerpotenzen (1), Seite 36

1
Zusammen gehören:

Kilo… (k) — 10^3
Giga… (G) — 10^9
Zenti… (c) — 10^{-2}
Mikro… (µ) — 10^{-6}
Hekto… (h) — 10^2
Mega… (M) — 10^6
Dezi… (d) — 10^{-1}
Milli… (m) — 10^{-3}
Nano… (n) — 10^{-9}

2

	Übersetzung der Einheit	wissenschaftliche Schreibweise	Dezimal-schreibweise
a)	$35 \cdot 10^{-6}$ m	$3{,}5 \cdot 10^{-5}$ m	0,000 035 m
b)	$0{,}2 \cdot 10^{-3}$ m	$2 \cdot 10^{-4}$ m	0,0002 m
c)	$320 \cdot 10^2$ Pa	$3{,}2 \cdot 10^4$ Pa	32 000 Pa
d)	$110 \cdot 10^6$ Pa	$1{,}1 \cdot 10^8$ Pa	110 000 000 Pa
e)	$110 \cdot 10^{-9}$ m	$1{,}1 \cdot 10^{-7}$ m	0,000 000 11 m
f)	$1500 \cdot 10^3$ W	$1{,}5 \cdot 10^6$ W	1 500 000 W

3
a) $1000^{10} = 10^{30}$; $100^4 = 10^8$; $1000^{100} = 10^{300}$;
$0{,}1^{-10} = 10^{10}$; $100^{100} = 10^{200}$; $100\,000^2 = 10^{10}$;
$0{,}1^{10} = 10^{-10}$
Es gilt:
$0{,}1^{10} < 100^4 < 0{,}1^{-10} = 100\,000^2 < 1000^{10} < 10^{100} < 100^{100} < 1000^{100}$

b) $0{,}201 \cdot 10^{-3} = 2{,}01 \cdot 10^{-4}$; $0{,}009 = 9 \cdot 10^{-3}$;
$19 \cdot 10^{-5} = 1{,}9 \cdot 10^{-4}$; $0{,}0022 \cdot 10^{-2} = 2{,}2 \cdot 10^{-5}$;
$200 \cdot 10^{-5} = 2 \cdot 10^{-3}$; $0{,}057 \cdot 10^{-4} = 5{,}7 \cdot 10^{-6}$;
$9800 \cdot 10^{-9} = 9{,}8 \cdot 10^{-6}$; $2100 \cdot 10^{-7} = 2{,}1 \cdot 10^{-4}$
Es gilt: $5{,}7 \cdot 10^{-6} < 9{,}8 \cdot 10^{-6} < 2{,}2 \cdot 10^{-5} < 1{,}9 \cdot 10^{-4} < 2{,}01 \cdot 10^{-4}$
$< 2{,}1 \cdot 10^{-4} < 2 \cdot 10^{-3} < 9 \cdot 10^{-3}$

4
a), c) und e) richtig; b) falsch; $= -2{,}1 \cdot 10^{-5}$
d) falsch; $= \frac{67}{100\,000}$; f) falsch; $= -0{,}075$

5
a) 73 400 000 b) 0,0029 c) 0,010 52
d) 620 000 e) 41 000 f) 0,000 507

Zehnerpotenzen (2), Seite 37

1
$\frac{50}{10^3} = \frac{5}{10^5} \cdot 10^3 = \frac{5}{100} = 5 : 10^2$
$0{,}5 \cdot 10^{-2} = 5 \cdot 10^{-3} = \frac{5}{1000} = 0{,}005$
$5 \cdot 10^2 = 0{,}5 \cdot 10^3$

2
a) 10^3 b) 10^4 c) 10^5 d) 10^4
e) 10^9 f) 10^4 g) 10^{-1} h) 10^7

3
a) Megawatt; MW; 10^6
b) Gigabyte/Terabyte
c) Kilometer; $14\,km \cdot 10^3$ Meter
d) Millimeter; $0{,}12\,mm = 0{,}12 \cdot 10^{-3}$ Meter
e) Megafusion; gigantische; megacool
f) Tera; 478 T-FLOPS $= 478 \cdot 10^{12}$ Flops

4
a) $(1{,}7 + 3{,}1) \cdot 10^{-2} = 4{,}8 \cdot 10^{-2}$ b) $(5{,}6 - 2{,}06) \cdot 10^6 = 3{,}54 \cdot 10^6$
c) $(32 - 17) \cdot 10^3 = 15 \cdot 10^3$
d) $(4{,}03 + 61{,}20) \cdot 10^{-3} = 65{,}23 \cdot 10^{-3}$
e) $(23 + 5{,}7) \cdot 10^{-4} = 28{,}7 \cdot 10^{-4}$ f) $(30{,}2 - 5{,}2) \cdot 10^6 = 25 \cdot 10^6$

5
Zu Term A1:
A2 | $\frac{15 \cdot 14 \cdot 10^{-1} \cdot 10^4}{5 \cdot 7 \cdot 10^5 \cdot 10^2}$ A3 | $\frac{3 \cdot 2 \cdot 10^{-1+4}}{1 \cdot 10^{5+2}}$
A4 | $\frac{6 \cdot 10^3}{10^7}$ A5 | $6 \cdot 10^{-4}$
Zu Term B 1:
B2 | $\frac{14 \cdot 15 \cdot 10^6 \cdot 10^{-3}}{3 \cdot 7 \cdot 10^4 \cdot 10^3}$ B3 | $\frac{2 \cdot 5 \cdot 10^3}{10^7}$
B4 | $\frac{10^4}{10^7}$ B5 | 10^{-3}
Zu Term C 1:
C2 | $\frac{6 \cdot 10^{-6} \cdot 10^2}{3 \cdot 10^{-1} \cdot 10^{-3}}$ C3 | $\frac{2 \cdot 10^{-6+2}}{10^{-1-3}}$
C4 | $\frac{2 \cdot 10^{-4}}{10^{-4}}$ C5 | 2

Der geschickte Umgang mit Potenzen – Potenzgesetze (1), Seite 38

1

a) Beispiel: $x^3 \cdot x^4 = (x \cdot x \cdot x) \cdot (x \cdot x \cdot x \cdot x) = x^7 = x^{3+4}$

b) Potenzen mit gleicher Basis werden dividiert, indem die Exponenten subtrahiert werden.
Beispiel: individuelle Lösung, z.B. $y^5 : y^3 =$
$(y \cdot y \cdot y \cdot y \cdot y) : (y \cdot y \cdot y) = y^2 = y^{5-3}$

2

a) a^9	b) b^6	c) c^5	d) d^{-5}
e) r^{-1}	f) s^{11}	g) t^4	h) u^{-6}

3

Potenzen werden potenziert, indem man die Exponenten multipliziert.
$(z^3)^2 = (z^3) \cdot (z^3) = (z \cdot z \cdot z) \cdot (z \cdot z \cdot z) = z^6 = z^{3 \cdot 2}$

4

individuelle Lösung, z. B.:

	wertgleiche Potenzen			Vereinfachung
a)	$(2^4)^4$	$(2^2)^8$	$(2^8)^2$	2^{16}
b)	$(x^3)^{-4}$	$(x^{-2})^6$	$(x^{-4})^3$	x^{-12}
c)	$(3^{-2})^2$	$(3^2)^{-2}$	$(3^4)^{-1}$	3^{-4}
d)	$(y^6)^m$	$(y^{2m})^3$	$(y^2)^{3m}$	y^{6m}
e)	$(z^2)^n$	$(z^n)^2$	z^{n+n}	z^{2n}

5

Pauls Lösungen sind bei a), d) und f) falsch. Maries Lösungen sind bei b) und g) falsch.
Marie hat mehr richtige Umformungen.

6

a) $3z^3$	b) $5w^5$	c) 3	d) $7a^2$
e) b^{-2}	f) x^k		

7

a) Der Fehler befindet sich nach dem 2. Gleichheitszeichen.
Richtig ist:
$2u^{3-1}v^{7-6} = 2u^2v$

b) Der Fehler befindet sich nach dem 2. Gleichheitszeichen.
Richtig ist:
$4 \cdot a^{7-5} \cdot b^{1-3} = 4a^2b^{-2}$

c) Der Fehler befindet sich nach dem 1. Gleichheitszeichen.
Richtig ist:
$\frac{7 \cdot (-3)}{(3 \cdot 14)} \cdot \frac{x^4}{x^3} \cdot \frac{y^{-2}}{y} = -\frac{1}{2} \cdot x \cdot y^{-2-1} = -\frac{1}{2}xy^{-3}$

Der geschickte Umgang mit Potenzen – Potenzgesetze (2), Seite 39

1

a) $a^n \cdot b^n = (a \cdot b)^n$

Beweis: $a^n \cdot b^n = \underbrace{a \cdot \ldots \cdot a}_{n\text{-mal}} \cdot \underbrace{b \cdot \ldots \cdot b}_{n\text{-mal}} = \underbrace{(a \cdot b) \cdot \ldots \cdot (a \cdot b)}_{n\text{-mal}} = (a \cdot b)^n$

b) $a^n : b^n = \frac{a^n}{b^n} = \left(\frac{a}{b}\right)^n$

Beweis: $\frac{a^n}{b^n} = \frac{\overbrace{a \cdot \ldots \cdot a}^{n\text{-mal}}}{\underbrace{b \cdot \ldots \cdot b}_{n\text{-mal}}} = \underbrace{\frac{a}{b} \cdot \ldots \cdot \frac{a}{b}}_{n\text{-mal}} = \left(\frac{a}{b}\right)^n$

2

a) 81	b) $5^3 = 125$
c) $(-3)^{-3} = -3^{-3} = -\frac{1}{3^3} = -\frac{1}{27}$	d) $\left(\frac{1}{2}\right)^{-5} = \frac{1}{2^{-5}} = 2^5 = 32$
e) $(-2)^6 = 64$	f) $(-3)^4 = 81$

3

a) n	b) 1,3	c) 4	d) (-2)
e) $3k$	f) $\left(\frac{4}{5}\right)$	g) $\left(\frac{15}{8}\right)$	h) $\left(\frac{12}{1}\right) = 12$

4

a) richtig
b) falsch; richtig ist: 9^{x+2}
c) falsch; richtig ist: 3^z
d) richtig
e) falsch; richtig ist: 90^{-m}
f) falsch; richtig ist: $(4x)^{n-1} : x^{n-1} = 4^{n-1}$

5

a) Fläche der Maxi-Pizza: πr^2;
Fläche der Mini-Pizza: $\pi\left(\frac{r}{2}\right)^2 = \frac{1}{4} \cdot \pi r^2$
Preis für Mini-Pizza: $\frac{1}{4} \cdot 7{,}80$ € = 1,95 €
Die Mini-Pizza müsste 1,95 € kosten. Dies ist ein Viertel des Preises einer Maxi-Pizza.

b) Filippo sollte seine Pizza noch etwas teurer verkaufen, denn ein Teil der Produktionskosten, wie z. B. Strom, Miete für den Stand, eventuelle Personalkosten etc., ist unabhängig von der Größe der Pizza.

Einfache Gleichungen mit Potenzen – Basis gesucht, Seite 40

1

a)

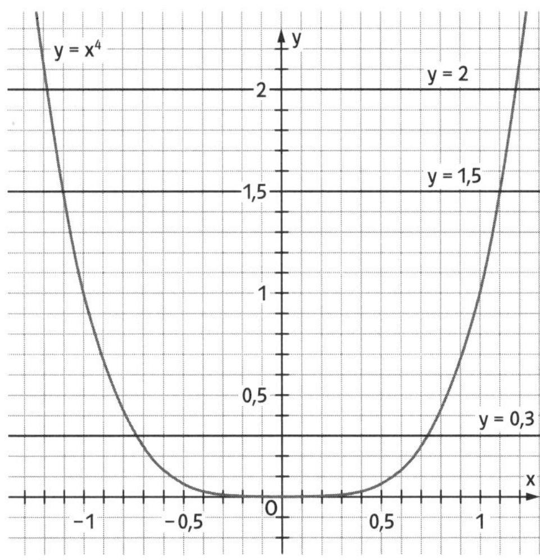

abgelesen: $x_1 \approx -1{,}18$ und $x_2 \approx 1{,}18$
Taschenrechner: $x_1 \approx -1{,}1892$ und $x_2 \approx 1{,}1892$

b) abgelesen: $x_1 \approx -1{,}1$ und $x_2 \approx 1{,}1$
Taschenrechner: $x_1 \approx -1{,}1067$ und $x_2 \approx 1{,}1067$

c) abgelesen: $x_1 \approx -0{,}74$ und $x_2 \approx 0{,}74$
Taschenrechner: $x_1 \approx -0{,}7401$ und $x_2 \approx 0{,}7401$

2

$x^5 = -243$;	Lösung(en):	-3;	$-\sqrt[5]{243}$		
$x^4 = 81$;	Lösung(en):	$+3$;	-3;		
		$\sqrt[4]{81} = 3$;	$-\sqrt[4]{81} = -3$		
$x^3 = 216$;	Lösung(en):	6;	$\sqrt[3]{216}$		
$x^2 - 256 = 0$;	Lösung(en):	$+16$;	-16;		
		$\sqrt{256}$;	$-\sqrt{256}$		
$x^3 + 729 = 0$;	Lösung(en):	-9;	$-\sqrt[3]{729}$		
$x^6 - 60 = 4$;	Lösung(en):	$+2$;	-2;	$\sqrt[6]{64}$;	$-\sqrt[6]{64}$
$x^3 + 216 = 0$;	Lösung(en):	-6;	$-\sqrt[3]{216}$		

3

	keine Lösung	Lösung(en)
a) $x^{97} = 1$	○	1
b) $x^{78} = -1$	⊗	
c) $x^{98} + 78 = 79$	○	+1; −1
d) $x^{99} + 79 = 78$	○	−1
e) $x^2 + \sqrt[5]{243} = \sqrt[3]{343}$	○	+2; −2
f) $x^2 - 243 = -343$	⊗	
g) $\sqrt[3]{125} + x^3 = -\sqrt[6]{729}$	○	−2
h) $\sqrt[3]{1000} - x^4 = -\sqrt{36}$	○	+4; −4

4

b) $x_1 = \sqrt[4]{9} \approx 1{,}73$; $x_2 = -\sqrt[4]{9} \approx -1{,}73$
c) $x_1 = \sqrt[6]{100} \approx 2{,}15$; $x_2 = -\sqrt[6]{100} \approx -2{,}15$
d) $x = -\sqrt[5]{50} \approx -2{,}19$

5

a) 5
b) $\sqrt[3]{64} = 4$
c) $32^{\frac{1}{5}} = \sqrt[5]{32} = 2$
d) $4096^{\frac{1}{6}} = \sqrt[6]{4096} = 4$
e) $\sqrt[4]{81} = 3$
f) $625^{\frac{1}{2}} = 25$
g) $1331^{\frac{1}{3}} = 11$
h) $\sqrt[5]{100\,000} = 10$

Einfache Gleichungen mit Potenzen – Exponent gesucht, Seite 41

1

a) 4 b) 6 c) 8

2

$x = 6$

3

$f(x) = 1{,}9^x$; Plot: C
$g(x) = 0{,}5^x$; Plot: D
$h(x) = 0{,}8^x$; Plot: A
$i(x) = 1{,}5^x$; Plot: B

4

a) 4^3
b) k. L.
c) 4^0
d) k. L.
e) $\left(\frac{1}{2}\right)^6$
f) $\left(\frac{1}{3}\right)^4$
g) k. L.
h) $\left(\frac{1}{5}\right)^2$

5

a) $4^x \cdot 4^2 = 1072$
$4^x = 67$
$x \approx 3{,}033$

b) $5^x = 5$;
$x = 1$

6

$x \approx 4{,}2$

7

a) $f(x) = 2^x$; $f(4) = 16$ oder $f(5) = 32$
b) $f(x) = 10^x$; $f(1) = 10$ oder $f(0) = 1$
c) $f(x) = 1{,}2^x$; $f(6) \approx 2{,}99$
d) $f(x) = 2{,}5^x$; $f(5) = 97{,}66$ oder $f(6) \approx 244{,}14$

Exkursion: Der Logarithmus, Seite 42

1

b) $\log_2(2^9) = 9$
c) $\log_7(7^1) = 1$
d) $\log_{97}(97^0) = 0$
e) $\log_6(6^2) = 2$
f) $\log_3(3^{-4}) = -4$
g) $\log_{0,2}(0{,}2^{-4}) = -4$
h) $\log_{0,5}(0{,}5^3) = 3$

2

a) Korrektur nach dem ersten Gleichheitszeichen:
$\log_2(8 \cdot 8) = \log_2(8) + \log_2(8) = 3 + 3 = 6$
b) Korrektur nach dem zweiten Gleichheitszeichen:
$\log_3(3^3) = 3 = 3 \cdot \log_3(3)$
c) Korrektur nach dem dritten Gleichheitszeichen:
$0 + 2 = 2$
d) Korrektur nach dem ersten Gleichheitszeichen:
$\log_5(625 : 5) = \log_5(625) - \log_5(5) = 4 - 1 = 3$

3

a) Probe: $5^{2,861} \approx 99{,}943$
b) $x \approx 0{,}349$; Probe: $100^{0,349} \approx 4{,}989$
c) $x \approx 0{,}699$; Probe: $10^{0,699} \approx 5{,}000$

4

a)

Ziffer	relative Häufigkeit
1	0,30
2	0,18
3	0,12
4	0,10
5	0,08
6	0,07
7	0,06
8	0,05
9	0,05

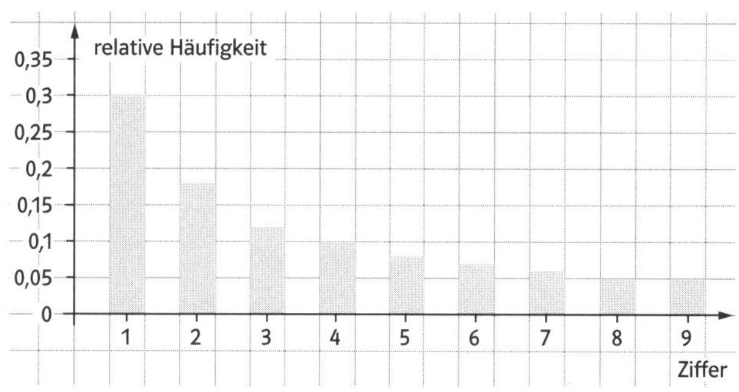

Für die Summe gilt:

$\log_{10}\left(2 \cdot \frac{3}{2} \cdot \frac{4}{3} \cdot \frac{5}{4} \cdot \frac{6}{5} \cdot \frac{7}{6} \cdot \frac{8}{7} \cdot \frac{9}{8} \cdot \frac{10}{9}\right) = \log_{10}(10) = 1$

b) 2; 3; 4

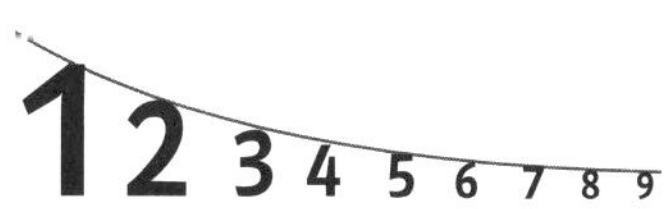

Potenzen | Merkzettel, Seite 43

Text: Ziffer; Komma; Zehnerpotenz
Beispiele: $2{,}0456 \cdot 10^4$; $5{,}807 \cdot 10^{-3}$; $3{,}9102 \cdot 10^2$; $6{,}1 \cdot 10^{-7}$

Text: n

Beispiele: $8^0 = 1$; $4 \cdot 4 \cdot 4 = 64$; $\frac{1}{3^2} = \frac{1}{9}$; $\frac{1}{(-5)^3} = \frac{1}{-125}$

Text: Basis; Exponenten

Beispiele: a^8; b^{-3}; c^2; $15^{\frac{1}{5}}$; 5^p; x^8

Text:

bei geradem Exponenten n:	bei ungeradem Exponenten n:
zwei Lösungen $-\sqrt[n]{a}, \sqrt[n]{a}$ für $a > 0$	eine Lösung $\sqrt[n]{a}$ für $a > 0$
eine Lösung 0 für $a = 0$	eine Lösung 0 für $a = 0$
keine Lösung für $a < 0$	eine Lösung $-\sqrt[n]{\lvert a \rvert}$ für $a < 0$

Beispiele: $x_1 = 2$; $x_2 = -2$; $x = 2$; $x = -1$;
keine Lösung; $x = 0$

Text: Exponential; Näherungs
Beispiele: $x = 3$
$1{,}7^8 \approx 69{,}76 < 120$; $1{,}7^9 \approx 118{,}59 < 120$
$1{,}7^{10} \approx 201{,}6 > 120$; $x \approx 9$

Üben und Wiederholen | Training 2, Seite 44

1
a) $y = x^2 - 12x + 6^2 - 36 + 18$
$y = (x - 6)^2 - 18$
$S(6 \mid -18)$

b) $y = x^2 - x + 0{,}5^2 - 0{,}25 + 1$
$y = (x - 0{,}5)^2 + 0{,}75$
$S(0{,}5 \mid 0{,}75)$

c) $y = 4(x^2 + 4x + 1)$
$y = 4((x^2 + 4x + 2^2) - 4 + 1)$
$y = 4(x + 2)^2 - 12$
$S(-2 \mid -12)$

2
a) $x \cdot (x + 23) = 0$
$x_1 = 0$; $x_2 = -23$

b) $x(x - 1{,}3) = 0$
$x_1 = 0$; $x_2 = 1{,}3$

c) $x(x + 3) - 10 = 0$
$x_1 = -5$; $x_2 = 2$

d) $x^2 = 6{,}25$
$x_1 = 2{,}5$; $x_2 = -2{,}5$

3
$x - 11$; $p(x) = x \cdot (x - 11)$; $S(5{,}5 \mid -30{,}25)$; $5{,}5$; $-30{,}25$

4
$k = 2$

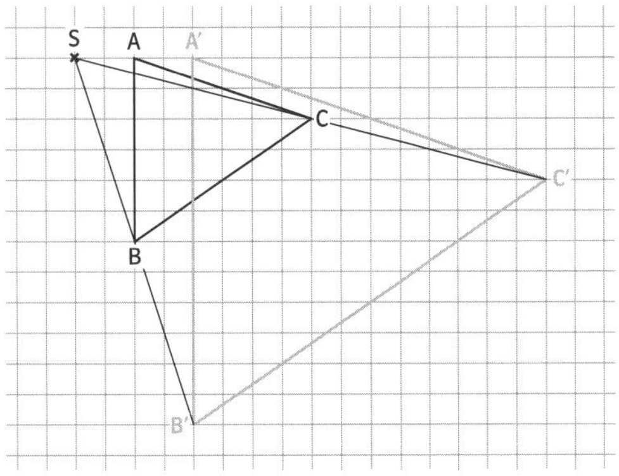

5
Die oberen beiden Latten sind je 1,2 m lang, die beiden darunter je 0,8 m.

6

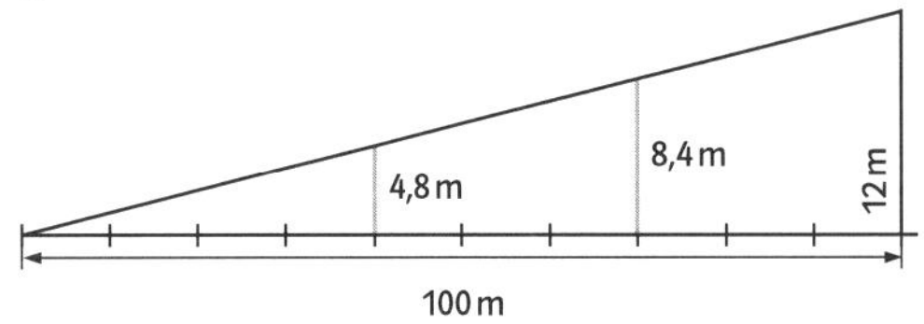

Üben und Wiederholen | Training 2, Seite 45

7
a)

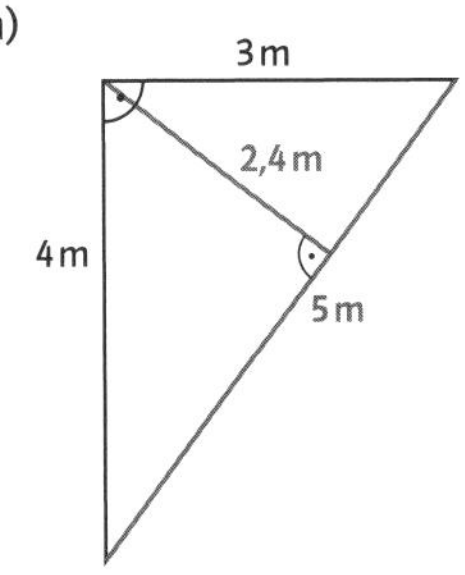

b)

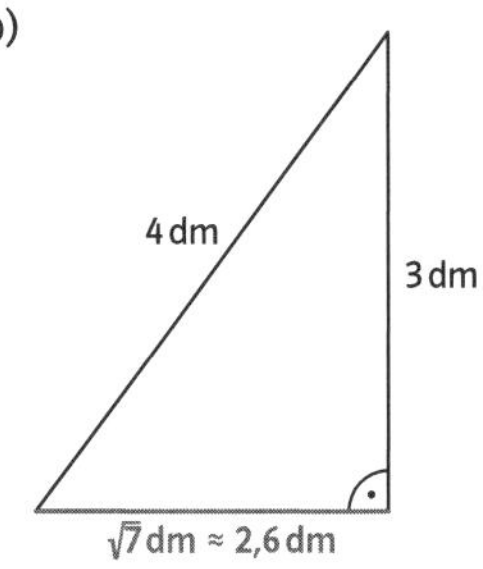

c)

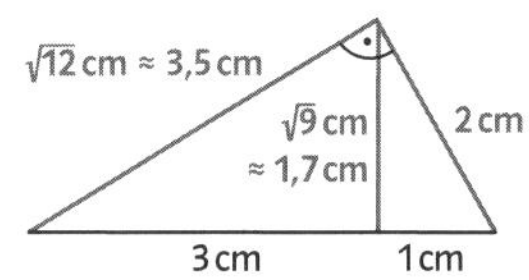

d)

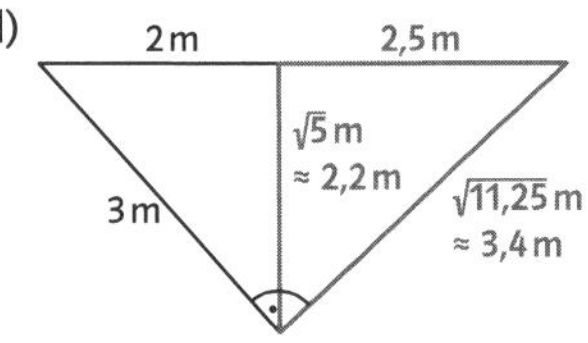

8
$x = 8\,m$; $A = 80\,m^2 + \frac{1}{2} \cdot 15\,m \cdot 8\,m = 140\,m^2$

9
$h = 8\,cm$; $s \approx 8{,}25\,cm$

10
a) $M = 2 \cdot \pi \cdot r \cdot h$
$r = \frac{M}{2 \cdot \pi \cdot h} = \frac{3{,}5\,m^2}{2 \cdot \pi \cdot 1{,}66\,m} \approx 0{,}3357\,m = 33{,}57\,cm$

b) $U = 2 \cdot \pi \cdot 0{,}3357\,m \approx 2{,}12\,m$

c) Größe DIN-A2-Plakat: 0,42 m · 0,594 m. Man kann also fünf Plakate hochkant nebeneinanderkleben.

11

	Übersetzung der Einheit	wissenschaftliche Schreibweise	Dezimal-schreibweise
a)	Nanometer	$350 \cdot 10^{-9}\,m$	0,000 000 350 m
b)	Millimeter	$0{,}12 \cdot 10^{-3}\,m$	0,000 12 m
c)	Hektopascal	$350 \cdot 10^2\,Pa$	35 000 Pa
d)	Kilometer	$11 \cdot 10^3$	11 000 m
e)	Megawatt	$18\,200 \cdot 10^6$	18 200 000 000 W

12
a) $77 \cdot 10^5 = 7{,}7 \cdot 10^6$

b) $7{,}5 \cdot 10^2$

c) $10^5 \cdot 6 \cdot 10^{-7} = 6 \cdot 10^{-2}$

d) $(8 \cdot 10^{-6}) : (2 \cdot 10^4) = 4 \cdot 10^{-10}$

e) $(36 \cdot 10^8) : (12 \cdot 10^{-1}) = 3 \cdot 10^9$

f) $54 \cdot 10^{-3} \cdot 10^{-2} = 54 \cdot 10^{-5} = 5{,}4 \cdot 10^{-4}$

Exponentielles Wachstum (1), Seite 46

1

a) Von 2005 auf 2006 ist die Kundenzahl um 150 000 Kunden gestiegen (absolute Änderung). Sie ist um 50 % gestiegen (relative bzw. prozentuale Änderung).
b) siehe Tabelle 1

2

a) kein exponentielles Wachstum; der Wachstumsfaktor q ist nicht konstant; das Wachstum ist linear, Zunahme: 17.
b) exponentielles Wachstum; der Wachstumsfaktor hat einen konstanten Wert (q = 1,5).

3

a) $q = 1 + p = 1{,}06$; $B(11) = q \cdot B(10) = 1{,}06 \cdot 24 = 25{,}44$
b) $p = 0{,}15 = 15\,\%$; $q = 1 + p = 1{,}15$
$B(5) = q \cdot B(4) \quad | : q$
$B(4) = B(5) : q = \frac{258}{1{,}15} \approx 224{,}35$

4

a) $437\,000 \cdot 1{,}17 = 511\,290$ b) $182{,}40\,€ : 1{,}093 = 166{,}88\,€$
c) $\frac{23\,000}{70\,000} \approx 33\,\%$;   Abnahme ca. 67 %
prozentuale Abnahme:
nach zehn Jahren: $0{,}33 \cdot 23\,000 = 7590$
absolute Abnahme: nach zehn Jahren keine Löwen mehr

Exponentielles Wachstum (2), Seite 47

1

Eingefügt werden der Reihe nach:
a) linearen;   Differenz;   konstant;   3;
$B(20) = 10 + 20 \cdot 3 = 70$
b) exponentiellen;   Quotient;   konstant;   1,2;
$B(20) = B(0) \cdot 1{,}2^{20} \approx 76{,}68$

2

Eingefügt werden:
a) t: 15;   99
B(t): 60;   216
$B(t) = B(0) + 4 \cdot t = 16 + 4t$
b) t: 3;   36
B(t): $5\frac{2}{3}$; $12\frac{1}{3}$
$B(t) = B(0) + \frac{2}{3} \cdot t = 5 + \frac{2}{3} \cdot t$

3

Eingefügt werden:
a) t: 6
B(t): 100; $\frac{25}{128} \approx 0{,}195$
$B(t) = B(0) \cdot \left(\frac{1}{2}\right)^t = 200 \cdot \left(\frac{1}{2}\right)^t$
b) t: 5
B(t): $\frac{16}{5} = 3{,}2$;   277,6
$B(t) = B(0) \cdot \left(\frac{5}{4}\right)^t = 3{,}2 \cdot (1{,}25)^t$

4

a) $q = \frac{6000}{5000} = 1{,}2$; $B(4) = B(2) \cdot q^2 = 6000 \cdot 1{,}2^2 = 8640$
b) $q = \frac{6750}{6000} = 1{,}125$; $B(4) = B(3) \cdot q = 6750 \cdot 1{,}125 \approx 7594$

5

Lösungswörter: WOLF, ELCH, PFAU;   SARDINE

Zinseszins und andere Wertentwicklungen (1), Seite 48

1

siehe Tabelle 2

2

a)

t in Jahren	B(t) in €
0	10 000,00
1	11 200,00
2	12 544,00
3	14 049,28
4	15 735,19
5	17 623,42
6	19 738,23
7	22 106,81
8	24 759,63
9	27 730,79
10	31 058,48
11	34 785,50
12	38 959,76

b) 6 Jahre;   10 Jahre;   20 Jahren;   40 Jahren

Tabelle 1

Änderung	von 2006 auf 2007	von 2007 auf 2008	von 2008 auf 2009
absolut	B(2007) − B(2006) = 50 000	400 000 − 500 000 = −100 000	550 000 − 400 000 = 150 000
relativ	$\frac{B(2007) - B(2006)}{B(2006)} = \frac{50\,000}{450\,000} = 0{,}\bar{1} = 11{,}\bar{1}\,\%$	$\frac{B(2008) - B(2007)}{B(2007)} = \frac{-100\,000}{500\,000} = -0{,}2 = -20\,\%$	$\frac{B(2009) - B(2008)}{B(2008)} = \frac{150\,000}{400\,000} = 0{,}375 = 37{,}5\,\%$

Tabelle 2

Anfangskapital	600 €	500 €	2500 €	4000 €	2000 €	700 €
Jahreszinssatz	4 %	10 %	3,5 %	1 %	5 %	20 %
Laufzeit	1 Jahr	1 Jahr	1 Jahr	2 Jahre	2 Jahre	6 Monate
Endguthaben	624 €	550 €	2587,50 €	4080,40 €	2205 €	770 €

3

$159 = B(0) \cdot 0{,}9^6 \quad | : 0{,}9^6$ $\qquad B(t) = B(0) \cdot 0{,}9^t$

$B(0) = \frac{159}{0{,}9^6} \approx 299\,€$ $\qquad t \geqq 11;$ $\quad$ 11 Jahren

4

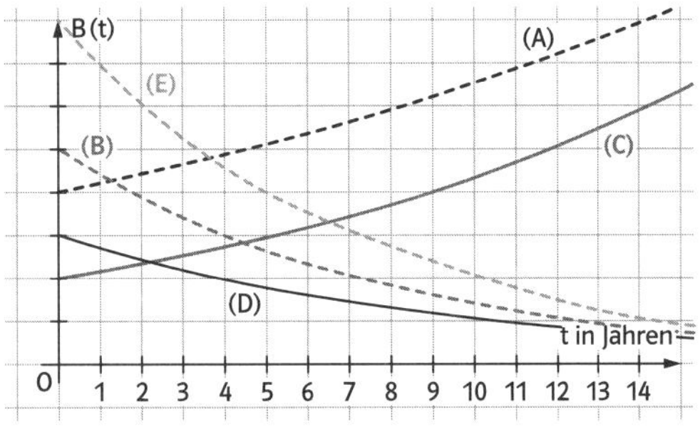

Zinseszins und andere Wertentwicklungen (2), Seite 49

1

f; w; f; f; f; w; f

Lösungswort (von unten nach oben gelesen): ECUADOR

2

Lösungswort (von rechts nach links gelesen): WACHS

3

a)

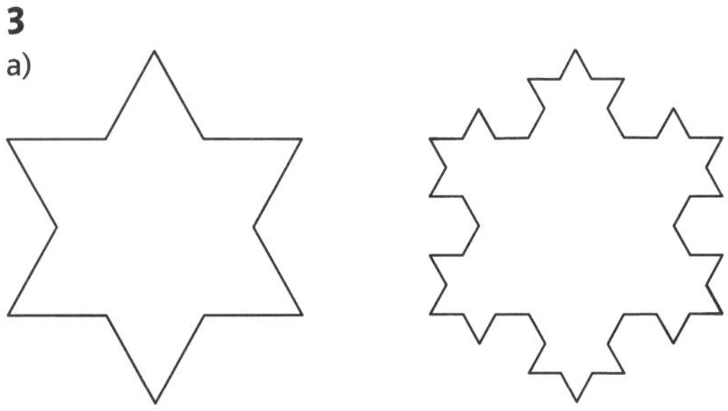

b) 3 m; 4 m; $5\frac{1}{3}$ m; 33,$\bar{3}$ %; exponentiell; $q = \frac{4}{3}$;

$B(100) = B(0) \cdot q^{100} = 3 \cdot \left(\frac{4}{3}\right)^{100} \approx 9$ Billionen; 9 Mrd. km

c) 33,$\bar{3}$ %; 11,$\bar{1}$ %; nicht

Rechnen mit exponentiellem Wachstum (1), Seite 50

1

a) siehe Tabelle 1

b) 7 Jahren; 100 Fische; mehr Saiblinge als Forellen

c) 3 Jahre; 7 Jahre; 17 Jahre; 28 Jahre

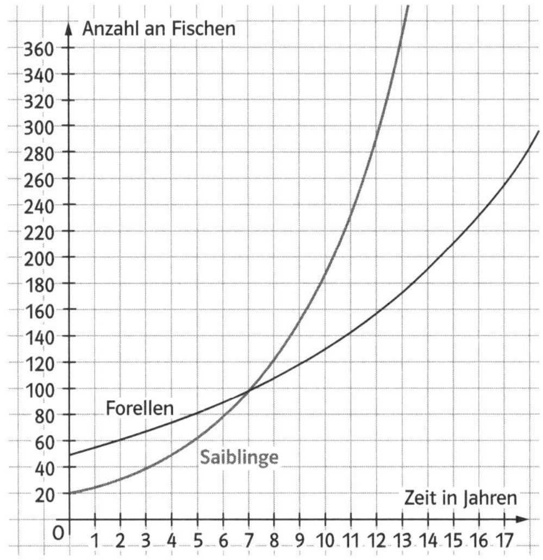

2

20 %; 80 %; 10 %; Neupreises; 8000 €;

8000 €; 7200 €; $B(8) = 0{,}9^8 \cdot 80\,000\,€ \approx 34\,437\,€$;

mehr; $B(8) = B(0) \cdot q^8$; $16\,000 = 80\,000 \cdot q^8$;

$q^8 = 0{,}2$; $q \approx 0{,}82$; 18 %

Rechnen mit exponentiellem Wachstum (2), Seite 51

1

a)–c) siehe Tabelle 2

Der Graph gehört zu Teilaufgabe b).

2

$B(8) = B(0) \cdot q^8$ und $B(8) = B(3) \cdot q^5$

$q^5 = \frac{B(8)}{B(3)} = \frac{1000\,€}{2500\,€} = 0{,}4$; $\qquad q = \sqrt[5]{0{,}4} \approx 0{,}83$

$B(8) = B(0) \cdot 0{,}83^8$, demnach $B(0) = \frac{B(8)}{q^8} = \frac{1000\,€}{0{,}83^8} \approx 4332\,€$

Neupreis ca. 4332 €; Wertverlust ca. 17 %

3

a) $B(1) - B(0) = 96$; $\quad B(2) - B(1) = 94$;

$B(3) - B(2) = 99$; $\quad B(4) - B(3) = 107$

Mittelwert der Differenzen: 99

$\frac{B(1)}{B(0)} = 1{,}078$; $\quad \frac{B(2)}{B(1)} = 1{,}071$; $\quad \frac{B(3)}{B(2)} = 1{,}069$; $\quad \frac{B(4)}{B(3)} = 1{,}070$;

Mittelwert der Quotienten: 1,072

b) $B(t) = 1237 + 99 \cdot t$ $\qquad$ c) $B(t) = 1237 \cdot 1{,}072^t$

Tabelle 1

Zeit t in Jahren	0	1	2	3	4	5	6	7	8	9	10
Bestand B(t) an Saiblingen	20	25	31	39	49	61	76	95	119	149	186
Bestand B(t) an Forellen	50	55	61	67	73	81	89	97	107	118	130

Tabelle 2

	a)	b)	c)
Anfangsbestand B(0)	1700	500 000	30 000
prozentuale Änderung p	2,5 %	50 %	−10 %
Wachstumsfaktor q	1,025	1,5	0,9
Formel für B(t)	$B(t) = 1700 \cdot 1{,}025^t$	$B(t) = 500\,000 \cdot 1{,}5^t$	$B(t) = 30\,000 \cdot 0{,}9^t$
Zeitschritte t	15	10	6
Bestand nach t Zeitschritten	2462,1	28 832 519,53	15 943,23

d)

Jahr t	0	1	2	3	4
Anzahl B(t)	1237	1333	1427	1526	1633
Toms Wert	1237	1336	1435	1534	1633
Toms Abweichung	0%	0,2%	0,6%	0,5%	0%
Tims Wert	1237	1326	1422	1524	1633
Tims Abweichung	0%	−0,5%	−0,4%	−0,1%	0%

Beide Modelle sind gut.

Wachstumsvorgänge | Merkzettel, Seite 52

Text: prozentuale; Wachstumsfaktor; Anfangsbestand; q^t
Beispiele: 28,8; 34,56; 123,83; q^7; $q = 1{,}2$; $B(t) = 20 \cdot 1{,}2^t$

Text: $1 + p$; $1 - p$
Beispiele: Zunahme; $p = 0{,}4 = 40\,\%$; $q = 1{,}4$

Abnahme; $p = \frac{1}{3} \approx 33{,}33\,\%$; $q = \frac{2}{3}$

Text: C; A; B

Text: $q^t = \frac{B(t)}{B(0)}$ bzw. $q = \sqrt[t]{\frac{B(t)}{B(0)}}$

Beispiele: 2684,35; 45 036
$q^3 = 4{,}096$; $q = \sqrt[3]{4{,}096} = 1{,}6$; $B(t) = 100 \cdot 1{,}6^t$

Text: Wertetabelle; Graphen; $q^t = \frac{B(t)}{B(0)}$
Beispiele:

t	7	8	9	10	11
B(t)	7174	6457	5811	5230	4707

11; $0{,}9^{10} > \frac{1}{3}$; $0{,}9^{11} < \frac{1}{3}$; 10

Sinus und Kosinus (1), Seite 53

1
a) $\sin(\alpha) = \frac{2{,}1\,cm}{4{,}0\,cm}$ b) $\cos(\alpha) = \frac{2{,}5\,cm}{3{,}9\,cm}$ c) $\sin(\alpha) = \frac{2{,}8\,cm}{4{,}0\,cm}$

2
$\cos(\gamma) = \frac{a}{b}$; $\cos(\alpha) = \frac{c}{b}$

3
$\sin(\alpha) = \frac{b}{c}$; $\sin(\beta) = \frac{a}{c}$; $\sin(\gamma) = \frac{e}{c}$; $\sin(\delta) = \frac{d}{c}$

4

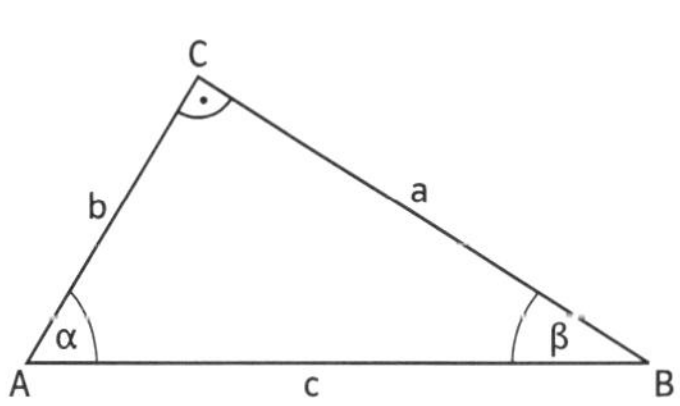

$c = \sqrt{a^2 + b^2} = 5\,cm$

$\sin(\alpha) = \frac{a}{c} = \frac{3}{5} = 0{,}6$; $\alpha \approx 36{,}9°$

$\sin(\beta) = \frac{b}{c} = \frac{4}{5} = 0{,}8$; $\beta \approx 53{,}1°$

5

	richtig	falsch	Korrektur, z.B.
$\cos(\alpha) = \frac{c}{e}$	○	⊗	$\cos(\alpha) = \frac{w}{e}$
$\sin(\alpha) = \frac{u}{h+g}$	⊗	○	—
$\sin(\alpha) = \frac{v}{e+f}$	○	⊗	$\sin(\alpha) = \frac{x}{e+f}$
$\sin(\alpha) = \frac{v}{g}$	⊗	○	—
$\sin(\alpha) = \frac{v}{a}$	○	⊗	$\sin(\alpha) = \frac{v}{g}$
$\sin(90° - \alpha) = \frac{c}{e}$	⊗	○	[T4] —

Sinus und Kosinus (2), Seite 54

1
a) $\alpha \approx 53°$ b) $\alpha \approx 48°$

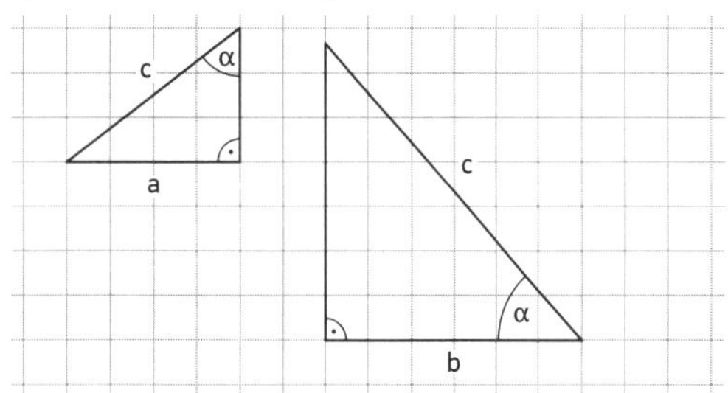

2
a) $\cos(\alpha) = \frac{3{,}5}{5{,}3}$; $\alpha \approx 48{,}67°$ b) $\sin(\alpha) = \frac{1{,}5}{5{,}2}$; $\alpha \approx 16{,}77°$

c) $\cos(55°) = \frac{a}{6{,}4\,cm}$ $a \approx 3{,}7\,cm$

d) $\sin(62°) = \frac{a}{4{,}5\,cm}$; $a \approx 4{,}0\,cm$

e) $\sin(37°) = \frac{2{,}8\,cm}{a}$; $a \approx 4{,}7\,cm$

f) $\cos(58°) = \frac{2{,}5\,cm}{a}$; $a \approx 4{,}7\,cm$

3

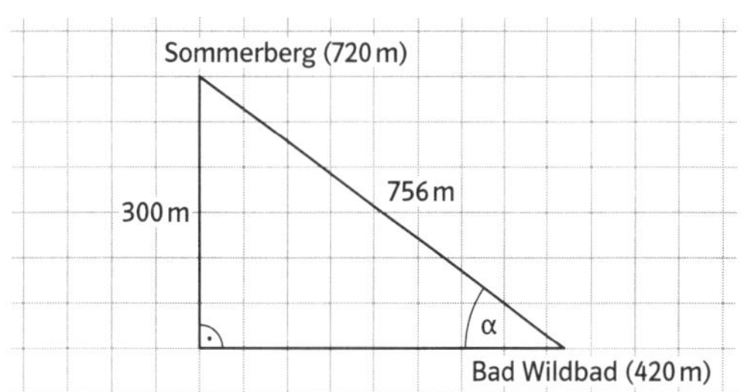

$\sin(\alpha) = \frac{300}{756}$; $\alpha = 23{,}4°$

Der durchschnittliche Steigungswinkel beträgt ca. 23°.

Tangens, Seite 55

1

	a)	b)
a	3,2 cm	5,3 cm
b	4,5 cm	3,1 cm
c	5,5 cm	6,1 cm
tan(α)	0,71	$\sqrt{3}$
α	35,5°	60°
β	54,5°	30°
γ	90°	90°

2

individuelle Lösung, z. B. a = 3 cm und b = 2 cm oder a = 1,5 cm und b = 1 cm

3

$m_f = \frac{1}{1} = \tan(\alpha)$; $\tan^{-1}(\alpha) = 1 \rightarrow \alpha = 45°$

$m_g = \frac{2}{1} = \tan(\beta)$; $\tan^{-1}(\beta) = 2 \rightarrow \beta \approx 63{,}4°$

Schnittwinkel: $63{,}4° - 45° = 18{,}4°$

4

a) $\tan(\alpha) = \frac{22}{40} = 0{,}55$; $\alpha \approx 28{,}8°$

b) $\frac{22}{40} = 0{,}55 = 55\,\%$

Probleme lösen im rechtwinkligen Dreieck (1), Seite 56

1

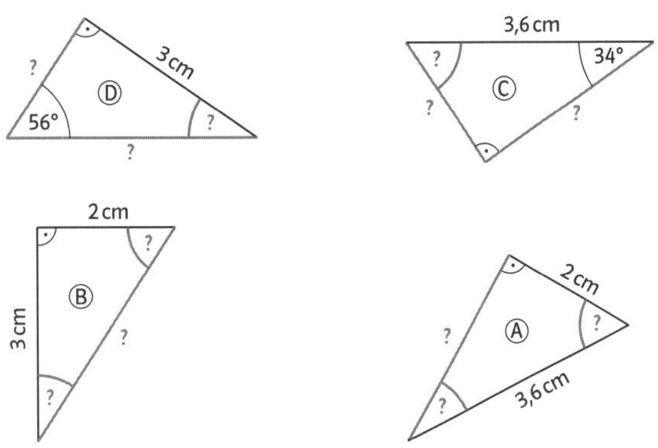

2

a) Skizze B

b) Bestimme x mit $\tan(40°) = \frac{x+8}{20}$;

$20 \cdot \tan(40°) = x + 8$; $x = 20 \cdot \tan(40°) - 8 \approx 8{,}78$;

$x \approx 8{,}78$ m

3

a)

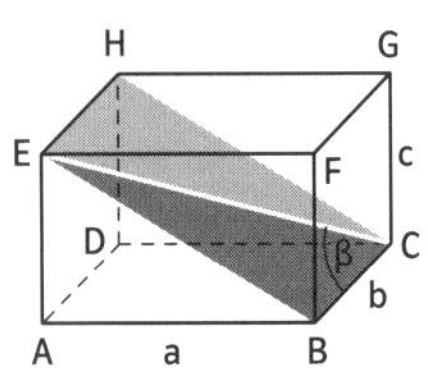

$\overline{EB} = \sqrt{a^2 + c^2} = \sqrt{34}$ cm; $\tan(\beta) = \frac{\sqrt{34}}{4}$; $\beta \approx 55{,}6°$

b)

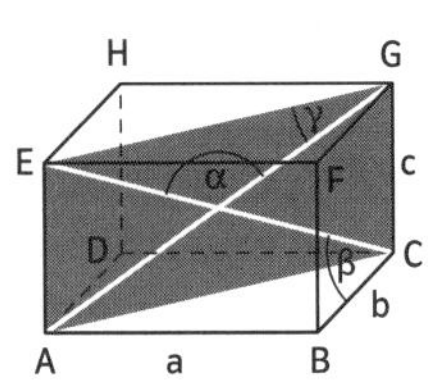

Es gibt verschiedene Möglichkeiten, Hilfslinien einzuzeichnen und die Aufgabe zu lösen. Ein Beispiel:

$\overline{EG} = \sqrt{a^2 + b^2} = \sqrt{41}$ cm; $\tan(\gamma) = \frac{3}{\sqrt{41}}$; $\gamma \approx 25{,}1°$;

$\alpha \approx 180° - 2\gamma = 129{,}8°$

Probleme lösen im rechtwinkligen Dreieck (2), Seite 57

1

a) $\tan(\alpha) = \frac{h}{\frac{a}{2}} = \frac{24}{9} = \frac{8}{3}$; $\alpha \approx 69{,}4°$

b) $\tan(\beta) = \frac{h}{\frac{1}{2}a\sqrt{2}} = \frac{24}{9\sqrt{2}} = \frac{8}{3\sqrt{2}}$; $\beta \approx 62{,}1°$

2

a) $\tan(40°) = \frac{a}{20}$; $a = \tan(40°) \cdot 20 \approx 16{,}78$

$\tan(48°) = \frac{a+x}{20}$ $| \cdot 20\,\text{m}$; $a + x = 20 \cdot \tan(48°)$ $| -a$;

$x = 20 \cdot \tan(48°) - a$; $x \approx 5{,}43$

Der Fahrstuhl steigt in fünf Sekunden um 5,43 m.

Dies entspricht einer Geschwindigkeit von $\frac{5{,}43}{5}$ m/s ≈ 1,09 m/s

bzw. etwa 3,9 km/h.

b) $\tan(54°) = \frac{h}{10+b}$ und $\tan(62°) = \frac{h}{b}$; $b = \frac{h}{\tan(62°)}$;

$\tan(54°) = \frac{h}{10 + \frac{h}{\tan(62°)}}$

Nebenrechnung:

$\tan(54°) = \frac{h}{10 + \frac{h}{\tan(62°)}}$ $\left| \cdot \left(10 + \frac{h}{\tan(62°)}\right)\right.$

$10 \cdot \tan(54°) + \frac{\tan(54°)}{\tan(62°)} \cdot h = h$ $\left| -\frac{\tan(54°)}{\tan(62°)} \cdot h\right.$

$10 \cdot \tan(54°) = h\left(1 - \frac{\tan(54°)}{\tan(62°)}\right)$

$h = \frac{10 \cdot \tan(54°)}{1 - \frac{\tan(54°)}{\tan(62°)}} \approx 51{,}33$

Der Ballon befindet sich 51,33 m über Gunnars Augenhöhe., d. h. 51,33 m + 1,5 m = 52,83 m über dem Erdboden.

3

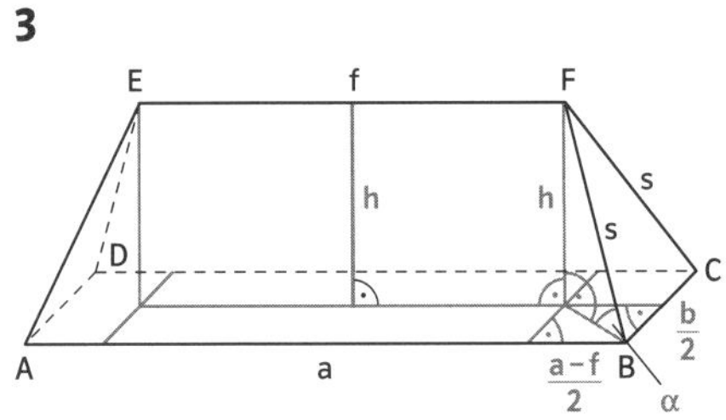

Die Sinusfunktion, Seite 58

1

a) $\sin(120°) \approx 0{,}85$

b) $\cos(-150°) \approx -0{,}85$

c) $\cos(290°) \approx 0{,}35$

d) $\sin(-40°) \approx -0{,}65$

2

a)

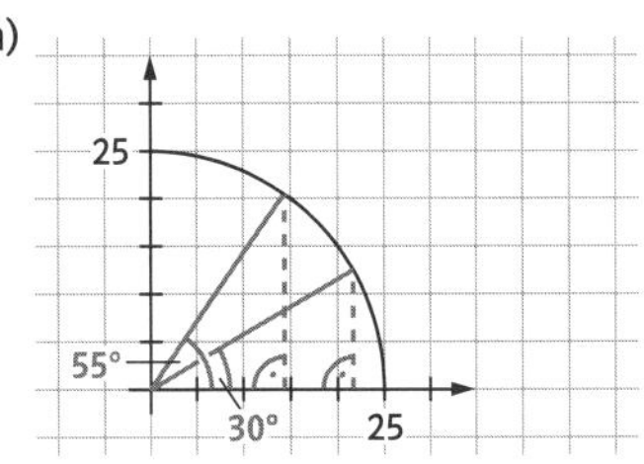

0,3 s → 30°; 0,55 s → 55°

b) nach 0,3 s: 45 m + 12,5 m = 57,5 m;

nach 0,55 s: 45 m + 20,5 m = 65,5 m

3

a)

Gradmaß α	0°	30°	45°	60°	90°	120°
Bogenmaß x	0	$\frac{\pi}{6}$	$\frac{\pi}{4}$	$\frac{\pi}{3}$	$\frac{\pi}{2}$	$\frac{2\pi}{3}$

Gradmaß α	135°	180°	270°	360°
Bogenmaß x	$\frac{3\pi}{4}$	π	$\frac{3\pi}{2}$	2π

b) $x = \alpha \cdot \frac{2\pi}{360°}$ bzw. $\alpha = x \cdot \frac{360°}{2\pi}$

c)

Gradmaß α	−240,64°	−60°	−12°	1°	18°	36°
Bogenmaß x	−4,2	$-\frac{\pi}{3}$	−0,21	0,08	$\frac{\pi}{10}$	$\frac{\pi}{5}$

Gradmaß α	46°	97,4°	191°	310°
Bogenmaß x	0,8	1,7	3,33	$\frac{31\pi}{18}$

4

a) 1 b) $-\frac{1}{2}$ c) $\frac{1}{2} \cdot \sqrt{2}$ d) $-\frac{1}{2}$

5

a) $x_1 = \frac{5\pi}{4}$; $x_2 = \frac{7\pi}{4}$ b) $x = \pi$

6

a) $\cos(9) = -0{,}91$ b) $\sin(-6{,}3) = -0{,}02$

Amplitude und Periode von Sinusfunktionen, Seite 59

1

a) $f(x) = \sin\left(\frac{1}{3} \cdot x\right)$ b) $f(x) = \frac{1}{3} \cdot \sin(x)$ c) $f(x) = \sin(x)$

d) $f(x) = \sin(3 \cdot x)$ e) $f(x) = 2 \cdot \sin(x)$ f) $f(x) = \sin(2 \cdot x)$

g) $f(x) = 3 \cdot \sin(x)$

2

a)

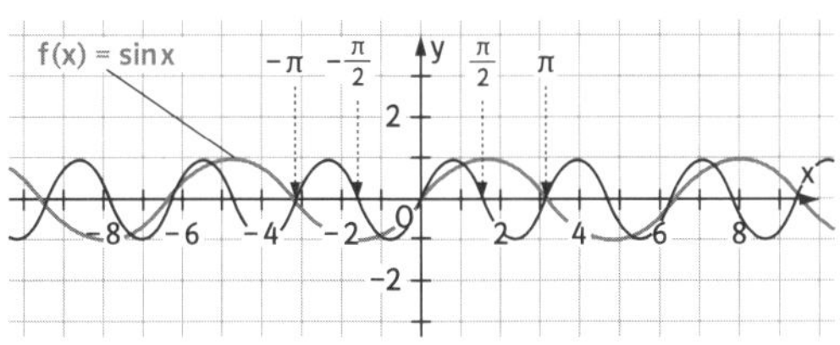

Nullstellen jeweils in $\frac{\pi}{2}$-Schritten, Amplitude 1

b)

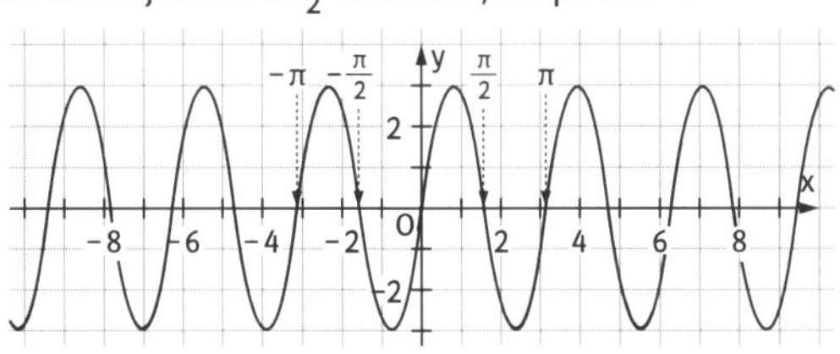

Nullstellen jeweils in $\frac{\pi}{2}$-Schritten, Amplitude 3

3

siehe Tabelle 1

4

a) $a = 4$; $p = 2$; $f(x) = 4 \cdot \sin(\pi \cdot x)$

b) $a = 2$; $p = 12$; $f(x) = 2 \cdot \sin\left(\frac{\pi}{6} \cdot x\right)$

Trigonometrie | Merkzettel, Seite 60

Text: $\sin(\alpha) = \frac{\text{Gegenkathete von } \alpha}{\text{Hypotenuse}}$

$\cos(\alpha) = \frac{\text{Ankathete von } \alpha}{\text{Hypotenuse}}$

$\tan(\alpha) = \frac{\text{Gegenkathete von } \alpha}{\text{Ankathete von } \alpha}$

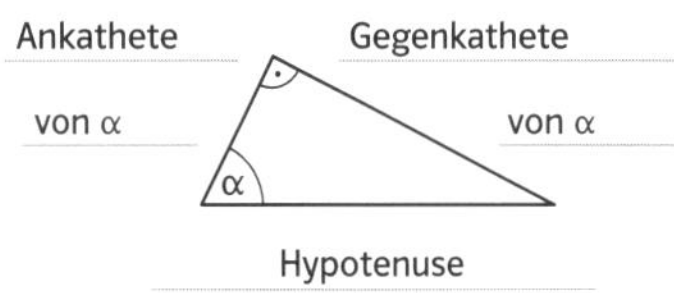

Beispiele: $a = \sin(30°) \cdot 3{,}5\,\text{cm} = 1{,}75\,\text{cm}$;
$b = \cos(30°) \cdot 3{,}5\,\text{cm} = 3{,}03\,\text{cm}$

Beispiele:

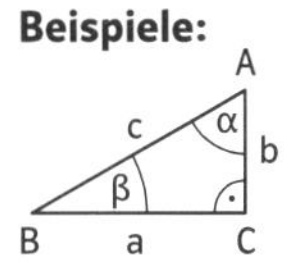

a) $\cos(\alpha) = \frac{b}{c} = \frac{2{,}9}{4{,}1}$; $\alpha = 45°$; $\beta = \gamma - \alpha = 45°$

b) $\cos(\beta) = \frac{a}{c}$; $c = \frac{a}{\cos(\beta)} = 8{,}6\,\text{cm}$; $\alpha = \gamma - \beta = 38°$

Text: $\sin(\alpha)$; $\cos(\alpha)$; $\sin(110°) \approx 0{,}94$;
$\cos(110°) \approx -0{,}34$

Text: π; $x = \alpha \cdot \frac{\pi}{180°}$

Beispiele:

Bogenmaß	Gradmaß
$0{,}5 \cdot \pi$	90°
$0{,}25 \cdot \pi$	45°
4,73	271°

Beispiele: $f(x) = 5 \cdot \sin(\pi x)$

Tabelle 1

Funktionsterm	$\sin(x)$	$2 \cdot \sin(x)$	$\frac{1}{3} \cdot \sin(x)$	$\sin(3 \cdot x)$	$\sin\left(\frac{1}{3} \cdot x\right)$	$\frac{1}{2} \cdot \sin\left(\frac{1}{2} \cdot x\right)$	$8 \cdot \sin(\pi \cdot x)$	$a \cdot \sin(b \cdot x)$
Amplitude	1	2	$\frac{1}{3}$	1	1	$\frac{1}{2}$	8	a
Periode	2π	2π	2π	$\frac{2}{3}\pi$	6π	4π	2	$\frac{2\pi}{b}$

Üben und Wiederholen | Training 3, Seite 61

1

a)

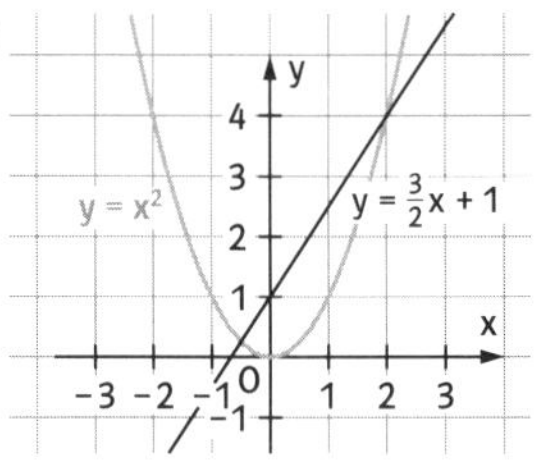

$x^2 = \frac{3}{2}x + 1$

$y = x^2$

$y = \frac{3}{2}x + 1$

$x_1 \approx -0{,}5$; $x_2 \approx 2$

b)

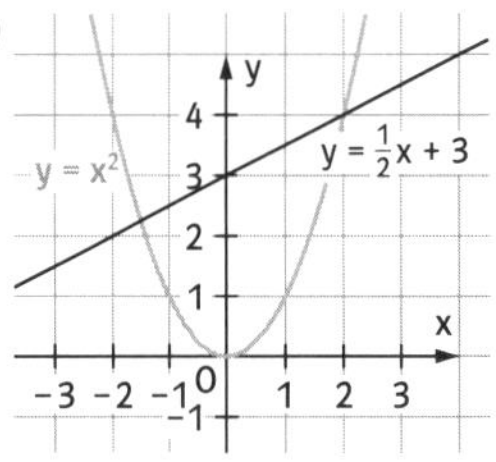

$x^2 = \frac{1}{2}x + 3$

$y = x^2$

$y = \frac{1}{2}x + 3$

$x_1 \approx -1{,}5$; $x_2 \approx 2$

2

Verfahren	Gleichungen
Umformen und Wurzelziehen	F; I
Ausklammern	A; E; G; H
pq-Formel	A; B; C; E; F
pq-Formel nach Umformen in Normalform	D; G; H; I

3

Umfang: $2a + 2b = 0{,}5\,m$; $a = x$ und $b = \frac{0{,}5}{2} - x = \frac{1}{4} - x$;

$A = x \cdot \left(\frac{1}{4} - x\right) = -x^2 + 0{,}25x$; Gleichung ist quadratisch.

$S\left(\frac{1}{8} \middle| \frac{1}{64}\right)$; $a = 0{,}125\,m$ und $b = 0{,}125\,m$

4

$\frac{x}{2{,}1\,cm} = \frac{3{,}5\,cm}{1{,}5\,cm}$; $x = 4{,}9\,cm$

$\frac{y}{y + 5{,}2\,cm} = \frac{1{,}5\,cm}{3{,}5\,cm}$; $y = 3{,}9\,cm$

$\frac{z}{z + 2{,}1\,cm + x} = \frac{1{,}5\,cm}{3{,}5\,cm}$; $z = 5{,}25\,cm$

Üben und Wiederholen | Training 3, Seite 62

5

Daher ist das Dreieck gleichseitig.
$a^2 = 2 \cdot (10\,cm)^2$; $a \approx 14{,}14\,cm$
Formel für die Höhe im gleichseitigen Dreieck:

$h^2 = a^2 - \frac{a^2}{4}$; $h^2 = \frac{3}{4}a^2$; $h = \frac{a}{2} \cdot \sqrt{3}$

$h \approx \frac{14{,}14}{2}\,cm \cdot \sqrt{3}$; $h \approx 12{,}24\,cm$

$A \approx \frac{1}{2} \cdot 14{,}14\,cm \cdot 12{,}24\,cm = 57{,}69\,cm^2$

6

$V = \frac{4}{3} \cdot \pi \cdot r^3$; $r \approx 20\,mm$

Lösung I:

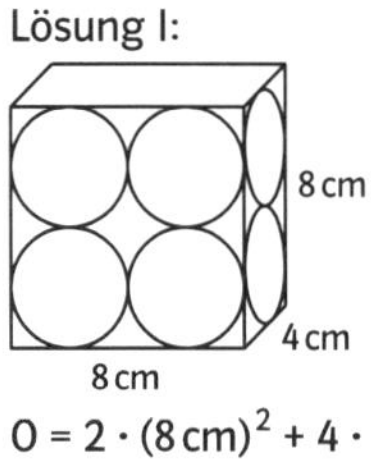

$O = 2 \cdot (8\,cm)^2 + 4 \cdot (4\,cm \cdot 8\,cm) = 256\,cm^2$

Lösung II:

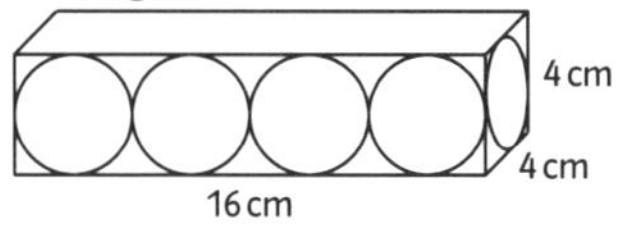

$O = 4 \cdot (4\,cm \cdot 16\,cm) + 2 \cdot (4\,cm)^2 = 288\,cm^2$

7

a) $V = \frac{1}{6} \cdot a^3 = 20{,}83\,cm^3$

b) $V = \frac{10}{3}\pi \cdot a^3 = 1309\,cm^3$

c) $V = \frac{4}{3}\pi \cdot a^3 = 523{,}6\,cm^3$

8

$0{,}067 \cdot 10^4 = 670$
$67 \cdot 10^3 = 67\,000$
$6{,}7 \cdot 10^3 = 6700$
$670 \cdot 10^{-2} = 6{,}7$
$670 \cdot 10^{-3} = 0{,}67$
$6{,}7 \cdot 10^{-2} = 670 \cdot 10^{-4} = 0{,}067$

Üben und Wiederholen | Training 3, Seite 63

9

a) 449,95 €
b) 672 €
c) 7 Jahre
d) 11,47 €
e) ca. 40 Mrd. €
f) 12 000 €

10

$B(t) = 0{,}5 \cdot B(0)$ bzw. $B(0) \cdot 0{,}9^t = 0{,}5 \cdot B(0)$
Bestimmung von t: $0{,}9^t = 0{,}5$

$t = \frac{\lg(0{,}5)}{\lg(0{,}9)} = 6{,}58$

Das Auto ist nach ca. 6,5 Jahren die Hälfte seines Neupreises wert.

11

Kreditsumme auf das 1,1003-Fache angewachsen; Jahreszins ca. 10,03 %
günstiger: die „freundliche Hausbank"

12

siehe Tabelle 1 auf Seite 23

13

a) $a = 2$; $p = 12 \cdot \pi$

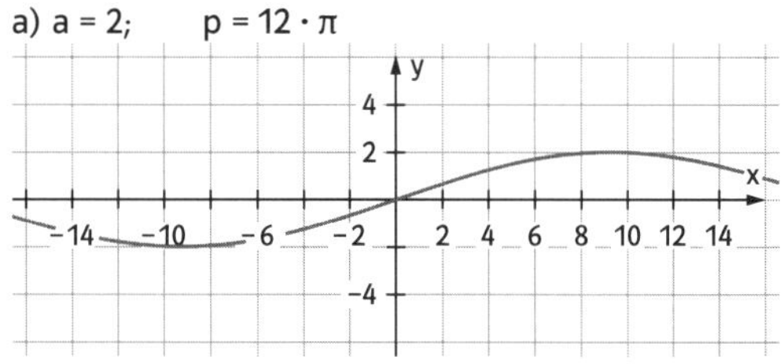

b) $a = 0{,}5$; $p = 2$

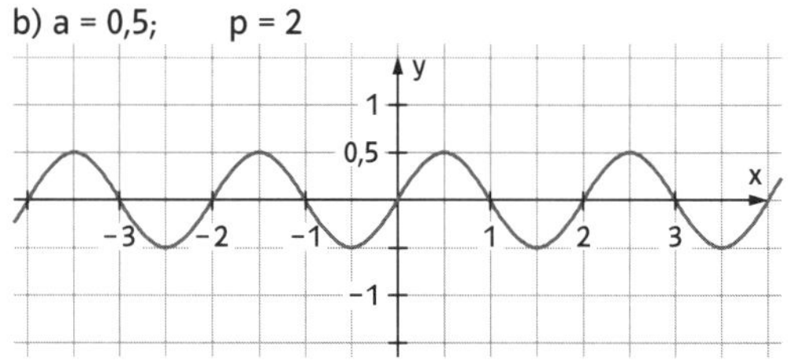

	Skizze	a	b	c	α	β	γ
a)	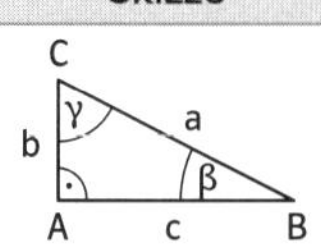	4,6 cm	2,8 cm	$c = \sqrt{a^2 - b^2}$ $c = 3{,}65\,cm$	90°	$\sin(\beta) = \frac{b}{a}$ $\beta = 37{,}5°$	52,5°
b)	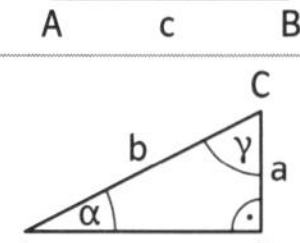	$\tan(\alpha) = \frac{a}{c}$ $a = c \cdot \tan(\alpha)$ $a = 7{,}43\,cm$	$\sin(\gamma) = \frac{c}{b}$ $b = \frac{c}{\sin(\gamma)}$ $b = 9{,}07\,cm$	5,2 cm	55°	90°	35°
c)	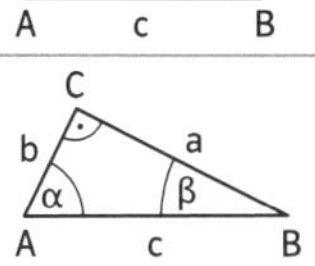	3,2 cm	$\tan(\alpha) = \frac{a}{b}$ $b = \frac{a}{\tan(\alpha)}$ $b = 2{,}88\,cm$	$\sin(\alpha) = \frac{a}{c}$ $c = \frac{a}{\sin(\alpha)}$ $c \approx 4{,}31\,cm$	48°	42°	90°

Tab. 1

Beilage zum Arbeitsheft Lambacher Schweizer 9 **ISBN:** 978-3-12-734496-7
ISBN: 978-3-12-734495-0

Internetadresse: www.klett.de

Zeichnungen/Illustrationen: druckmedienzentrum GmbH, Gotha; media office gmbh, Kornwestheim;
Dorothee Wolters, Köln
DTP/Satz: media office gmbh, Kornwestheim

1 In einer zylinderförmigen Regentonne steht das Wasser 50 cm hoch. Entnimmt man der Tonne jetzt 100 Liter, so steht das Wasser noch 30 cm hoch.
Wie groß ist der Durchmesser der Tonne?

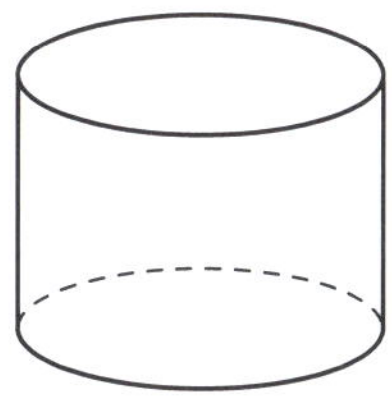

a) Sortiere die Kärtchen in der richtigen Reihenfolge.

- I | Durchmesser berechnen
- III | Formeln (Werkzeuge) heraussuchen
- V | Formel geeignet umstellen
- II | Skizze beschriften
- IV | Skizze anfertigen, Hilfslinie einzeichnen

Die Reihenfolge des Vorgehens ist ______________________________.

b) Wähle geeignete Werkzeuge aus und berechne den Durchmesser.

Die Reihenfolge der Werkzeuge ist: ______________________________

[T1] Der Durchmesser der Regentonne ist somit __________.

- A: Zylindervolumen $V = \pi \cdot r^2 \cdot h$
- B: 1 Liter entspricht $1\,dm^3$
- C: Pythagoras $a^2 + b^2 = c^2$
- D: Kreisfläche $F_K = \pi \cdot r^2$
- E: binomische Formeln
- F: Strahlensätze
- G: abc-Formel

2 Ein Raum ist 2,40 m breit, 6,00 m lang und 2,40 m hoch. In der unteren Ecke sitzt ein Gecko. In der gegenüberliegenden Kante hockt auf halber Raumhöhe eine Fliege. Der Gecko möchte die Fliege fressen und krabbelt auf dem kürzesten Weg zu ihr hin. Berechne diesen Weg.

a) Sortiere nur die benötigten Kärtchen in der richtigen Reihenfolge. __________

(1) Schrägbild beschriften	(2) Maßstab bestimmen	(3) Den Weg berechnen	(4) Kantenlänge des Quaders bestimmen	(5) Weg einzeichnen
(6) Netz skizzieren	(7) Schrägbild Skizze anfertigen	(8) Netz beschriften	(9) Volumen des Quaders bestimmen	

b) Du siehst hier drei Netze, die jeweils ein Ergebnis liefern. Ergänze die Netze, indem du die Fliege, den Gecko und dessen Weg einzeichnest. Berechne, welcher dieser Wege der kürzeste ist.

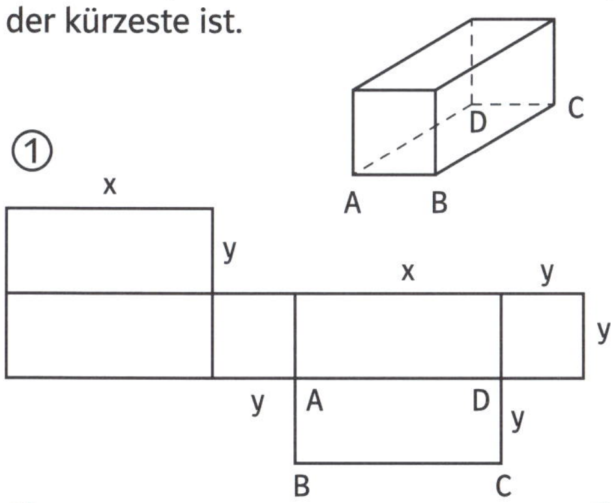

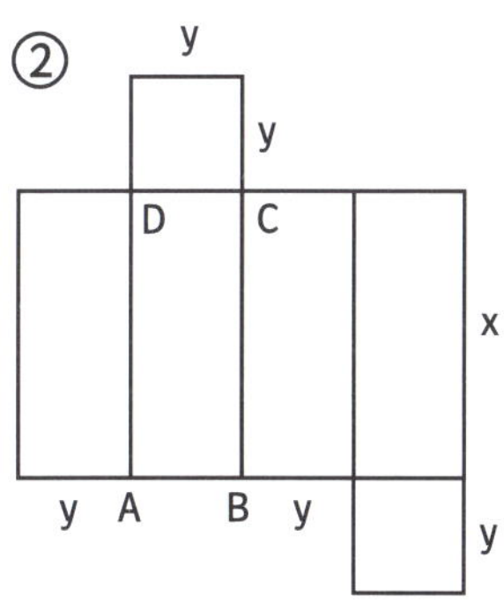

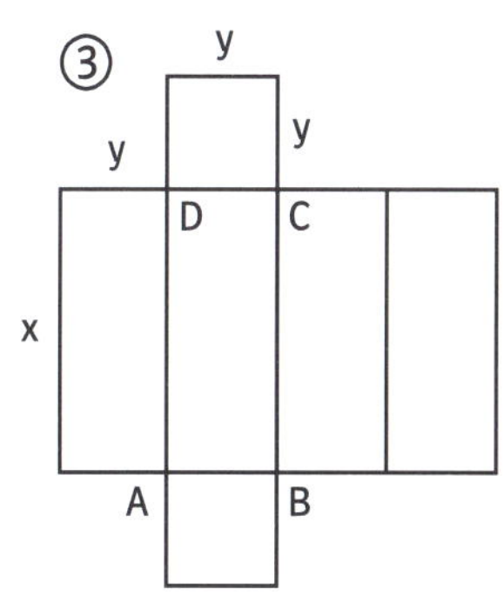

① ______________________________

② ______________________________

③ ______________________________

Daraus ergibt sich für den kürzesten Weg eine Länge von ____________________.

Zur Lösung benutzte Werkzeuge: ______________________________

[T1] 100 l stehen 20 cm hoch in der Tonne.

Vorwärts- und Rückwärtsarbeiten (2)

1 Man hat in einen Kegelstumpf ein kegelförmiges Loch gebohrt. Berechne das Gewicht des Körpers, der aus Holz (Dichte von Holz: $0{,}5\,g/cm^3$) besteht. Schreibe die Buchstaben der genutzten Werkzeuge (siehe unten) in die Kästchen.

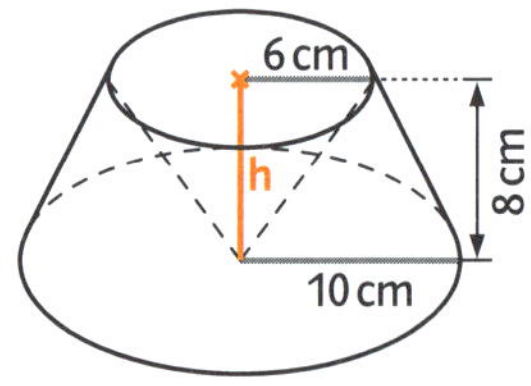

Start: Es fehlt: h_1 (Höhe des abgesägten Kegels) für das Volumen V.
→ ___ . Strahlensatz
→ **Strahlensatz:** $\frac{\square}{\square} = \frac{\square}{\square}$ h_1 = ___
→ (Werkzeug)
→ **Volumen des Körpers:** $V = V_{Kegelstumpf} - V_{Bohrkegel}$
→ (Werkzeug) Dichte von Holz
→ **Ziel:** Masse = Dichte · Volumen

Rückwärtsschritt

Berechne das Volumen des Körpers.

(1) Volumen des Kegelstumpfes: $V_{ganzer\,Kegel} - V_{abgeschnittener\,Kegel} = \frac{1}{3}\pi \cdot r_1^2 \cdot (h + h_1) - \frac{1}{3}\pi \cdot$ ___________

Bestimmung der Höhe h_1 mit dem ___ . Strahlensatz: ___________

$V_{Kegelstumpf}$ = ___________

(2) Volumen der Bohrung: ___________

(3) Volumen des Körpers: ___________

Berechnung der Masse: ___________

Somit wiegt der Holzkörper ___________ .

2 Wie lang muss eine Hantelstange aus Stahl (Dichte von Stahl: $7{,}86\,g/cm^3$) mit dem Durchmesser 28 mm sein, damit sie genau 10 kg wiegt?

a) Ergänze das Diagramm. Wähle zuerst die benötigten Werkzeuge aus und trage die entsprechenden Buchstaben in die Kärtchen ein.

Start: Es fehlt: das Volumen V des Zylinders.
→ (Werkzeug)
→ **Volumen:** V = ___________
→ (Werkzeug)
→ **Höhe des Körpers:** h = ___________
→ **Ziel:** ___________

b) Berechne die Länge. ___________

___________ Die Länge der Hantelstange ist ___________ .

- A: Zylindervolumen $V = \pi \cdot r^2 \cdot h$
- B: 1 Liter entspricht $1\,dm^3$.
- C: Pythagoras $a^2 + b^2 = c^2$
- D: Kreisfläche $F_K = \pi \cdot r^2$
- E: binomische Formeln
- F: abc-Formel $ax^2 + bx + c = 0$ $x_{1,2} = \frac{-b \pm \sqrt{b^2 - 4ac}}{2a}$
- G: 1. Strahlensatz $a : b = c : d$

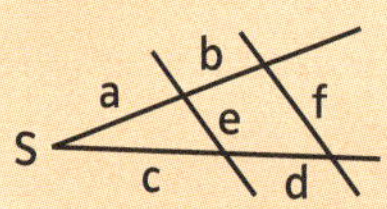

- H: 2. Strahlensatz $(a + b) : a = f : e$

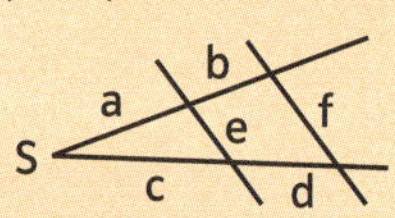

- I: Kegelvolumen $V = \frac{1}{3}\pi \cdot r^2 \cdot h$
- J: Dichte = Masse : Volumen

Fülle die Lücken. Für jeden Buchstaben findest du einen Strich. Löse dann die Beispielaufgaben.

Satz des Pythagoras und seine Umkehrung

In einem rechtwinkligen Dreieck mit den Katheten a und b und der Hypotenuse c gilt $a^2+b^2=c^2$.
Gilt in einem Dreieck für die Seitenlängen $a^2+b^2=c^2$, dann ist das Dreieck rechtwinklig.

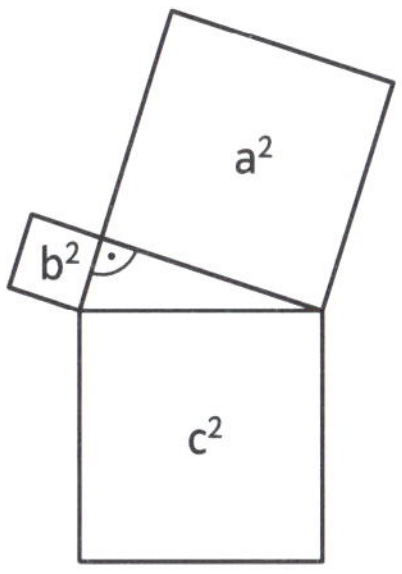

- gegeben: Dreieck ABC mit $\gamma = 90°$, $b = 6{,}2\,cm$, $c = 9{,}1\,cm$; gesucht: a

____

____

- gegeben: Dreieck ABC mit $\beta = 90°$, $a = 4{,}3\,cm$, $c = 3{,}8\,cm$; gesucht: b

____

____

- Ist das Dreieck rechtwinklig?

	ja	nein
$a = 5\,cm$, $b = 12\,cm$, $c = 13\,cm$	☐	☐
$a = 4{,}5\,cm$, $b = 3{,}6\,cm$, $c = 6{,}7\,cm$	☐	☐

Kathetensatz

In jedem rechtwinkligen Dreieck gilt: Das Quadrat über einer Kathete hat den gleichen _ _ _ _ _ _ _ _ _ _ _ _ _ _ wie das Rechteck, das aus dem anliegenden Hypotenusenabschnitt und der Hypotenuse gebildet wird. Kurz:

$a^2 =$ ______ und $b^2 =$ ______

- Vervollständige die Figur zur ersten Gleichung des Kathetensatzes ($a^2 =$ ______).

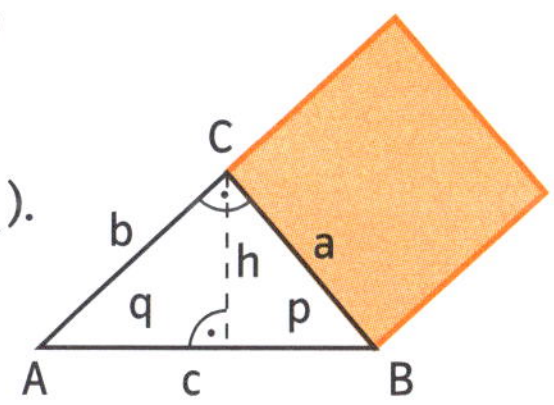

a; b = Katheten
c = Hypotenuse
q; p = Hypotenusenabschnitt

Höhensatz

In jedem rechtwinkligen Dreieck gilt: Das Quadrat über der Höhe hat den gleichen _ _ _ _ _ _ _ _ _ _ _ _ _ _ wie das Rechteck, das aus den beiden Hypotenusenabschnitten gebildet wird.

Kurz: $h^2 =$ ______

- Vervollständige die Figur zum Höhensatz.

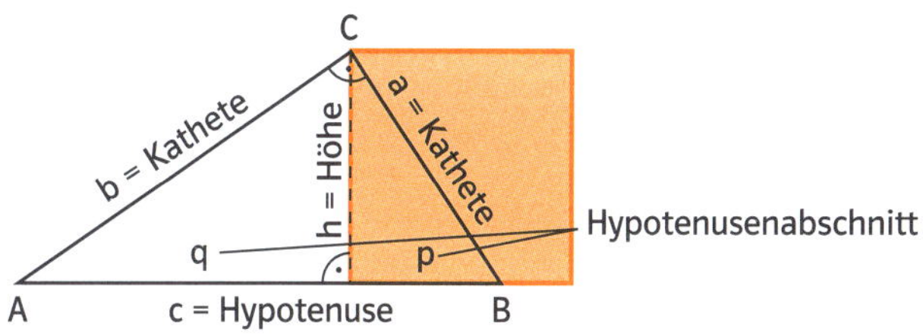

Volumina und Oberflächeninhalte von Körpern

Ordne den Formeln, wenn vorhanden, die passenden Abbildungen zu.
(G = Grundfläche, M = Mantelfläche)

Körper	Volumen (V)	Oberflächeninhalt (O)	Abb.
Pyramide	$V = \frac{1}{3} \cdot G \cdot h$	$O = G + M$	
Kegel	$V = \frac{1}{3}\pi \cdot r^2 \cdot h$	$O = G + M = \pi \cdot r^2 + \pi \cdot r \cdot s$	
Tetraeder (Kantenlänge a)	$V = \frac{a^3}{12}\sqrt{2}$	$O = a^2\sqrt{3}$	
Oktaeder (Kantenlänge a)	$V = \frac{a^3}{3}\sqrt{2}$	$O = 2a^2\sqrt{3}$	
Kugel	$V = \frac{4}{3}\pi r^3$	$O = 4\pi r^2$	
Kugelabschnitt	$V = \frac{1}{3}\pi h^2(3r - h)$	$O = \pi(h^2 + 2a^2)$	
Kugelausschnitt	$V = \frac{2}{3}\pi r^2 h$	$O = \pi r(2h + a)$	
Ring (Torus)	$V = 2\pi r^2 R$	$O = 4\pi^2 r R$	

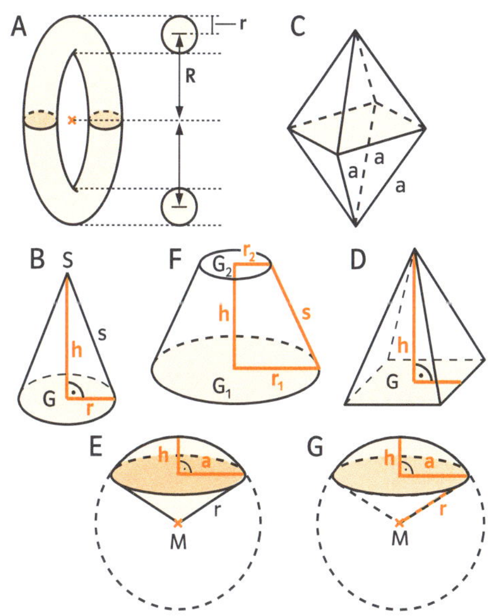

1 Verbinde zusammengehörige Karten.

Kilo... (k) | 10^{-1} | Dezi... (d) | 10^{-2} | Milli... (m) | 10^{3} | Mikro... (µ) | 10^{-3}

10^{6} | Mega... (M) | Hekto... (h) | 10^{-6} | Nano... (n)

Giga... (G) | 10^{9} | 10^{-9} | Zenti... (c) | 10^{2}

Hausstaubmilbe

2 Ergänze die Tabelle.

		Übersetzung der Einheit	wissenschaftliche Schreibweise	Dezimalschreibweise
a)	feiner Staub: 35 µm	$35 \cdot 10^{-6}$ m	m	m
b)	Hausstaubmilbe: 0,2 mm (Foto oben)			
c)	Luftdruck am Mount Everest: 320 hPa			
d)	Druck im Marianengraben: 110 MPa			
e)	HI-Virus: 110 nm			
f)	Leistung eines Windrads: 1500 kW			

3 Ordne die Zahlen der Größe nach. Schreibe zuerst als Zehnerpotenz bzw. in wissenschaftlicher Schreibweise.

a) 10^{100} | $1000^{10} = 10$ | $100^{4} =$ | $1000^{100} =$ | $0{,}1^{-10} =$ | $100^{100} =$ | $100\,000^{2} =$ | $0{,}1^{10} =$

______ < ______________________________

b) $0{,}201 \cdot 10^{-3} = 2{,}01 \cdot 10$ | $0{,}009 =$ | $19 \cdot 10^{-5} =$ | $0{,}0022 \cdot 10^{-2} =$ | $200 \cdot 10^{-5} =$ | $0{,}057 \cdot 10^{-4} =$ | $9800 \cdot 10^{-9} =$ | $2100 \cdot 10^{-7} =$

______ < ______________________________

4 Drei der Umformungen sind fehlerhaft. Streiche in diesem Fall die rechte Seite und korrigiere sie.

a) $4{,}3 \cdot 10^{-2} = 4{,}3 \cdot \frac{1}{10^{2}}$ ______
b) $-2{,}1 \cdot \frac{1}{10^{5}} = 2{,}1 \cdot 10^{-5}$ ______
c) $5 \cdot 10^{-3} = \frac{5}{1000}$ ______

d) $0{,}000\,67 = \frac{67}{10\,000}$ ______
e) $-9{,}2 \cdot 10^{4} = -92\,000$ ______
f) $\frac{-75}{1000} = -0{,}0075$ ______

5 Schreibe ohne Zehnerpotenz.

a) $7{,}34 \cdot 10^{7} =$ ______
b) $2{,}9 \cdot 10^{-3} =$ ______
c) $1052 \cdot 10^{-5} =$ ______

d) $62 \cdot 10^{4} =$ ______
e) $0{,}41 \cdot 10^{5} =$ ______
f) $507 \cdot 10^{-6} =$ ______

Zehnerpotenzen (2)

1 Markiere die Karten mit demselben Wert.

$\frac{50}{10^3}$	$0{,}5 \cdot 10^{-2}$	$0{,}5 \cdot 10^3$	$\frac{5}{10^5} \cdot 10^3$	$5 \cdot 10^2$	$\frac{5}{1000}$
$5 \cdot 10^{-3}$	$\frac{5}{100}$	$0{,}005$	$5 : 10^2$		

2 Für welche Zehnerpotenz steht ▬?

a) ▬ $\cdot 10^3 = 10^6$ b) $10^{-2} \cdot$ ▬ $= 10^2$ c) $\frac{▬}{10^6} = \frac{1}{10}$ d) $10^5 :$ ▬ $= 10$

e) $10^{-2} \cdot$ ▬ $= 10^7$ f) $\frac{10}{▬} = 10^{-3}$ g) $10^{-5} \cdot 10 \cdot$ ▬ $= 10^{-5}$ h) ▬ $: 10^8 = 10^{-1}$

3 Korrigiere die Vorsilben der Größen. Schreibe gegebenenfalls die korrekte Größe mit der Maßeinheit als Zehnerpotenz in die Klammer.

a) Das Windkraftwerk hat eine Leistung von 4,5 ~~Kilowatt~~ Megawatt. (4,5 MW = 4,5 · ________ Watt)

b) Heute kann man schon mehrere Petabyte ________ Daten auf Festplatten speichern.

c) Paul fährt mit seinem Fahrrad 14 Hektometer ________ in einer Stunde. (14 ______ = ________ Meter)

d) Maries Haar hat eine Dicke von 0,12 Zentimetern ________ . (0,12 ________ = ________ Meter)

e) Ein schlechter Politiker sprach in seiner Rede von einer Hektofusion ________ der beiden Konzerne, dabei würden dekantische ________ Geldmengen der Steuerzahler aufs Spiel gesetzt. Dabei kam er sich kilocool ________ vor.

f) Die in einer Sekunde durchführbaren Additionen oder Multiplikationen eines Computers werden als FLOPs bezeichnet (Floating Point Operations). Die schnellsten Rechner lagen 2007 bei etwa 478 Deka-Flops ________ (Blue Gene/L eServer). (478 ___-Flops = ________ Flops)

4 Um das Ergebnis zu bestimmen, brauchst du keinen Taschenrechner.

a) $1{,}7 \cdot 10^{-2} + 3{,}1 \cdot 10^{-2} =$ $(1{,}7 + 3{,}1) \cdot 10^{-2}$

b) $5{,}6 \cdot 10^6 - 2{,}06 \cdot 10^6 =$ ________

c) $3{,}2 \cdot 10^4 - 17 \cdot 10^3 =$ ________

d) $4{,}03 \cdot 10^{-3} + 6120 \cdot 10^{-5} =$ ________

e) $0{,}0023 + 57 \cdot 10^{-5} =$ ________

f) $3{,}02 \cdot 10^7 - 5{,}2 \cdot 10^6 =$ ________

5 Kennzeichne die Rechenschritte auf den Karten so, dass sich von links nach rechts eine schlüssige Vereinfachung ergibt.

A1 $\mid \frac{(15 \cdot 10^{-1}) \cdot (14 \cdot 10^4)}{(5 \cdot 10^5) \cdot (7 \cdot 10^2)}$	$\mid \frac{6 \cdot 10^{-6} \cdot 10^2}{3 \cdot 10^{-1} \cdot 10^{-3}}$	$\mid \frac{2 \cdot 5 \cdot 10^3}{10^7}$	$\mid \frac{2 \cdot 10^{-4}}{10^{-4}}$	$\mid 6 \cdot 10^{-4}$
B1 $\mid \frac{(14 \cdot 10^6) \cdot (15 \cdot 10^{-3})}{(3 \cdot 10^4) \cdot (7 \cdot 10^3)}$	A2 $\mid \frac{15 \cdot 14 \cdot 10^{-1} \cdot 10^4}{5 \cdot 7 \cdot 10^5 \cdot 10^2}$	$\mid \frac{2 \cdot 10^{-6+2}}{10^{-1-3}}$	$\mid \frac{6 \cdot 10^3}{10^7}$	$\mid 2$
C1 $\mid \frac{(7 \cdot 10^{-6}) \cdot (12 \cdot 10^2)}{(2 \cdot 10^{-1}) \cdot (21 \cdot 10^{-3})}$	$\mid \frac{14 \cdot 15 \cdot 10^6 \cdot 10^{-3}}{3 \cdot 7 \cdot 10^4 \cdot 10^3}$	$\mid \frac{3 \cdot 2 \cdot 10^{-1+4}}{1 \cdot 10^{5+2}}$	$\mid \frac{10^4}{10^7}$	$\mid 10^{-3}$

1 Erkläre einem Mitschüler, der das Potenzgesetz nicht versteht, warum es gilt.

a) Potenzen mit gleicher Basis werden multipliziert, indem die Exponenten addiert werden.

Beispiel: $x^3 \cdot x^4 = (x \cdot x \cdot x) \cdot ($ ______________ $) = x^{\square} = x^{3\,\square}$

b) Potenzen mit gleicher Basis werden dividiert, indem die Exponenten ______________ werden.

Beispiel: $y^{\square} : y^{\square} =$ ______________

2 Vereinfache.

a) $a^5 \cdot a^4 =$ ______ b) $b^9 : b^3 =$ ______ c) $c^7 \cdot c^{-2} =$ ______ d) $d^{-4} \cdot d^{-1} =$ ______

e) $r^{-3} : r^{-2} =$ ______ f) $s^8 : s^{-3} =$ ______ g) $t^{-4} \cdot t^8 =$ ______ h) $u^{-5} : u =$ ______

3 Korrigiere die notierte Regel und ergänze das Beispiel.

Potenzen werden potenziert, indem man die Exponenten addiert.

____

____

$(z^3)^2 = (z^3) \cdot ($ ______ $)$

$= (z \cdot$ ______ $) \cdot ($ ______ $)$

$= z^{\_\_} = z^{3\,\_\_}$

4 Notiere drei verschiedene Potenzen, die wertgleich mit der vereinfachten Potenz sind.

	Wertgleiche Potenzen			Vereinfachung
a)	$(2^4)^4$	$(2^2)^8$		2^{16}
b)				x^{-12}
c)				3^{-4}
d)				y^{6m}
e)				z^{2n}

5 Streiche falsche Umformungen durch.

	Pauls Lösung	Maries Lösung
a)	$(3a)^5 = 3a^5$	$(3a)^5 = 3^5 \cdot a^5$
b)	$(b^2)^3 = (b^3)^2$	$b^{2^3} = b^{3^2}$
c)	$c^4 \cdot c^{-2} = c^2$	$c^{-2} \cdot c^4 = c^2$
d)	$d^3 : d^{-1} = d^2$	$d^3 : d^{-1} = d^4$
e)	$a^x \cdot a^x = a^{2x}$	$a^x \cdot a^x = (a^2)^x$
f)	$3f^2 2g^3 = 6(fg)^5$	$3f^2 2g^3 = 6f^2g^3$
g)	$g^{n+3} : g^{n-1} = g^4$	$g^{n+3} : g^{n-1} = g^2$

______________ hat mehr richtige Umformungen.

6 Vereinfache den Term so weit wie möglich.

a) $\frac{1}{2}z^6 \cdot 6z^{-3} =$ ______________

b) $5w^8 : w^3 =$ ______________

c) $2{,}4c^2 : 0{,}8c^2 =$ ______________

d) $7a^{n+2} \cdot a^{-n} =$ ______________

e) $\frac{b^{m-1}}{b^{1+m}} =$ ______________

f) $x^{k-2} \cdot x^2 =$ ______________

7 Finde den Fehler und korrigiere die Rechnung.

a) $\frac{u^3 \cdot 8v^7}{4u \cdot v^6} = \frac{8}{4} \cdot \frac{u^3 \cdot v^7}{u \cdot v^6} = 4u^{3-1}v^{7-6} = 4u^2v$

____

b) $\frac{8a^7b}{2a^5b^3} = \frac{8}{2} \cdot \frac{a^7b}{a^5b^3} = 4 \cdot a^{7-5} \cdot b^{-3} = 4a^2b^{-3}$

____

c) $\frac{7x^4 \cdot (-3y^{-2})}{3x^3 \cdot 14y} = \frac{7 \cdot 3}{3 \cdot 14} \cdot \frac{x^4}{x^3} \cdot \frac{y^{-2}}{y} = \frac{1}{2} \cdot x \cdot y^{-2-1} = \frac{1}{2}xy^{-3}$

____

1 Ergänze die Aussagen und die Beweise zu den Potenzgesetzen für die Multiplikation und Division von Potenzen mit gleichen Exponenten.
Für beliebige Basen a und b (≠ 0) und einen ganzzahligen Exponenten n gilt:

a) $a^n \cdot b^n =$ ___ Beweis: $a^n \cdot b^n = \underbrace{a \cdot \ldots \cdot a}_{\_\_\text{-mal}} \cdot \underbrace{b \cdot \ldots \cdot b}_{\_\_\text{-mal}} = \underbrace{(\_\_) \cdot \ldots \cdot (\_\_)}_{\_\_\text{-mal}} = (a \cdot b)^n$

b) $a^n : b^n = \frac{a^n}{b^n} = \frac{\_\_}{\_\_}$ Beweis: $\frac{a^n}{b^n} = \frac{\overbrace{a \cdot \ldots \cdot a}^{\_\_}}{\underbrace{b \cdot \ldots \cdot b}_{\_\_}} = \underbrace{\frac{a}{b} \cdot \ldots \cdot \frac{a}{b}}_{\_\_} = \frac{\_\_}{\_\_}$

2 Berechne im Kopf.

a) $21^4 : 7^4 = 3^4 =$ ______
b) $20^3 \cdot \left(\frac{1}{4}\right)^3 =$ ______
c) $(-0{,}3)^{-3} \cdot 10^{-3} =$ ______
d) $8^{-5} : 16^{-5} =$ ______
e) $\left(\frac{1}{3}\right)^6 \cdot (-6)^6 =$ ______
f) $(-18)^4 : 6^4 =$ ______

3 Ergänze die fehlende Zahl oder Variable.

a) $\left(\frac{2}{3}\right)^n \cdot 3^n = 2^{\_\_}$
b) $6{,}5^m : 5^m = \_\_^m$
c) $\left(\frac{1}{8}\right)^x \cdot \_\_^x = \left(\frac{1}{2}\right)^x$
d) $(-8)^p : 4^p = \_\_^p$
e) $20^{3k} : 10^{3k} = 2^{\_\_}$
f) $\left(\frac{3}{4}\right)^w \cdot \_\_^w = \left(\frac{3}{5}\right)^w$
g) $\left(\frac{5}{8}\right)^q : \_\_^q = \left(\frac{1}{3}\right)^q$
h) $\_\_^z \cdot 3^{-z} = 4^z$

4 Markiere falsche Umformungen mit „f" und verbessere.

a) $7^{2k} \cdot 2^{2k} = 14^{2k}$ ______
b) $3^{x+2} : \left(\frac{1}{3}\right)^{x+2} = 1^{x+2}$ ______
c) $(6a)^z : (2a)^z = (3a)^z$ ______
d) $(5b)^{3y} \cdot b^{3y} = (5b^2)^{3y}$ ______
e) $30^{-m} : 3^m = 10^{-m}$ ______
f) $(4x)^{n-1} \cdot x^{1-n} = (4x^2)^{n-1}$ ______

5 a) Bei Filippo bekommt man eine Maxi-Pizza für 7,80 €. Für den Straßenverkauf will Filippo Mini-Pizzen mit dem halben Durchmesser herstellen. Wie teuer müsste eine solche Pizza sein, damit man genauso viel für sein Geld bekommt? [T1–T3]

Die Mini-Pizza müsste ______ € kosten.

Dies ist ein ______ des Preises einer Maxi-Pizza.

b) Filippo will seine Pizza für 2 € verkaufen.
Hältst du das für eine sinnvolle Entscheidung?

______

______

______

[T1] Die Größe der Pizza ist die einer Kreisfläche, also abhängig vom Radius. Es gilt A = …

[T2] Stelle eine Formel für die Kreisfläche der Mini-Pizza mit dem halben Radius auf. Klammern setzen!

[T3] Durch welchen Faktor unterscheiden sich die beiden Flächen? Beachte die Klammern.

1 Bestimme Näherungslösungen zu den Gleichungen.

a) $x^4 = 2$
Anleitung:
I: Zeichne die Gerade $y = 2$ als Parallele zur x-Achse in die Zeichnung.
II: Finde die Schnittpunkte dieser Parallelen mit dem Graphen der Funktion $y = x^4$.
III: Die x-Koordinaten dieser Schnittpunkte sind die

Lösungen der Gleichung: $x_1 \approx$ ____ und $x_2 \approx$ ____ .
Vergleiche mit den Taschenrechnerergebnissen:

$x_1 = \sqrt[4]{2} \approx$ ______ und $x_2 = -\sqrt[4]{2} \approx$ ______

b) $x^4 = 1{,}5$; $x_1 \approx$ ______ und $x_2 \approx$ ______

Taschenrechner: $x_1 \approx$ ______ und $x_2 \approx$ ______

c) $x^4 - 0{,}3 = 0$; $x_1 \approx$ ______ und $x_2 \approx$ ______

Taschenrechner: $x_1 \approx$ ______ und $x_2 \approx$ ______

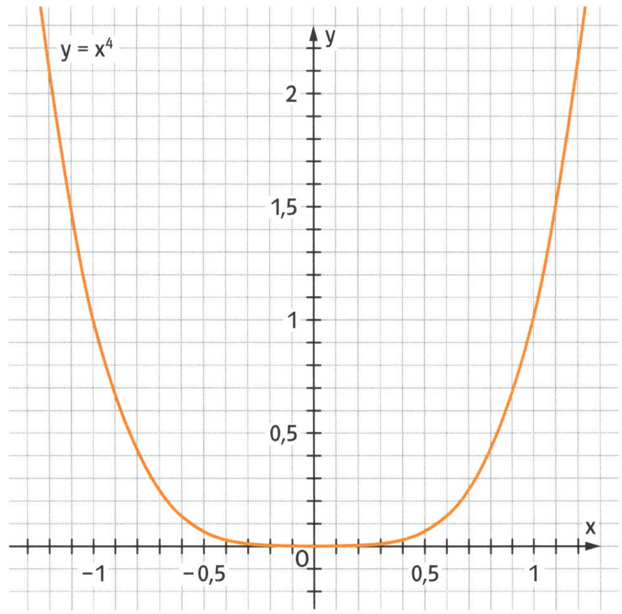

2 Welche Lösungen gehören zu welcher Gleichung? Eine der Lösungen auf den Kärtchen bleibt übrig, finde hierzu eine passende Gleichung.

$x^5 = -243$
Lösung(en): -3
$x^4 = 81$
Lösung(en): ______
$x^3 = 216$
Lösung(en): ______
$x^2 - 256 = 0$
Lösung(en): ______
$x^3 + 729 = 0$
Lösung(en): ______
$x^6 - 60 = 4$
Lösung(en): ______

Lösung: ______

Kärtchen:
- $-\sqrt[6]{64} =$ ____
- $-\sqrt[3]{729} =$ ____
- $-\sqrt{256} =$ ____
- $\sqrt[3]{216} =$ ____
- $-\sqrt[4]{81} =$ ____
- $\sqrt[4]{81} =$ ____
- $\sqrt[6]{64} =$ ____
- $-\sqrt[5]{243} =$ ____
- $-\sqrt[3]{216} =$ ____
- $\sqrt[2]{256} =$ ____

3 Gib an, ob und wenn ja, welche Lösungen die Gleichung hat. Kreuze an oder trage die Lösungen in die Tabelle ein.

	keine Lösung	Lösung(en)
a) $x^{97} = 1$	○	
b) $x^{78} = -1$	○	
c) $x^{98} + 78 = 79$	○	
d) $x^{99} + 79 = 78$	○	
e) $x^2 + \sqrt[5]{243} = \sqrt[3]{343}$	○	
f) $x^2 - 243 = -343$	○	
g) $\sqrt[3]{125} + x^3 = -\sqrt[6]{729}$	○	
h) $\sqrt[3]{1000} - x^4 = -\sqrt{36}$	○	

4 Gib die Lösung(en) der Gleichung in der Wurzelschreibweise wie im Beispiel an und bestimme einen Näherungswert.

a) $x^3 + 2 = -7$; $x = -\sqrt[3]{9} \approx -2{,}08$

b) $x^4 - 2 = 7$; $x_1 =$ ____ $\approx$ ____ ; $x_2 =$ ____ $\approx$ ____

c) $1 - x^6 = -99$; ______________

d) $100 + x^5 = 50$; ______________

5 Notiere in der jeweils anderen Schreibweise und berechne. Gib gegebenenfalls einen Näherungswert an.

a) $625^{\frac{1}{4}} = \sqrt[4]{625}$ = ____

b) $64^{\frac{1}{3}} = \sqrt{}$ = ____

c) ____$^{\frac{1}{5}} = \sqrt{32}$ = ____

d) ____$^{\frac{1}{}} = \sqrt[6]{4096}$ = ____

e) $81^{0{,}25} =$ ____ = ____

f) $\sqrt{625} =$ ____ = ____

g) $\sqrt[3]{1331} =$ ____ = ____

h) $100\,000^{0{,}2} =$ ____

1 Mit einem Tabellenkalkulationsprogramm wurde die Wertetabelle der Funktion $f(x) = 1{,}2^x$ erstellt.

	A	B
1	x	y
2	1	1,20
3	2	1,44
4	3	1,73
5	4	2,07
6	5	2,49
7	6	2,99
8	7	3,58
9	8	4,30
10		

Bestimme ganzzahlige Näherungswerte für die folgenden Gleichungen.

a) $1{,}2^x = 2$; $x \approx$ ______

b) $1{,}2^x = 3$; $x \approx$ ______

c) $1{,}2^x = 4$; $x \approx$ ______

2 Mit einem Tabellenkalkulationsprogramm wurde der Graph der Funktion $f(x) = 2{,}5^x$ dargestellt. Bestimme die kleinste ganzzahlige Zahl x, für die der Funktionswert 200 erstmals überschritten wird. Dies ist für

$x =$ ______ der Fall.

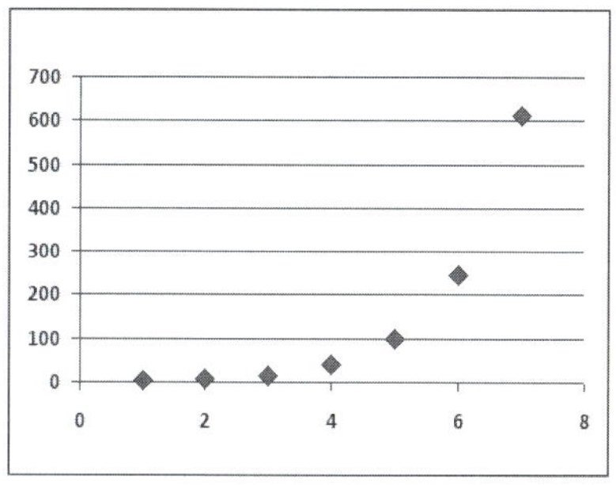

3 Ordne den Funktionsvorschriften den richtigen Punktplot zu.

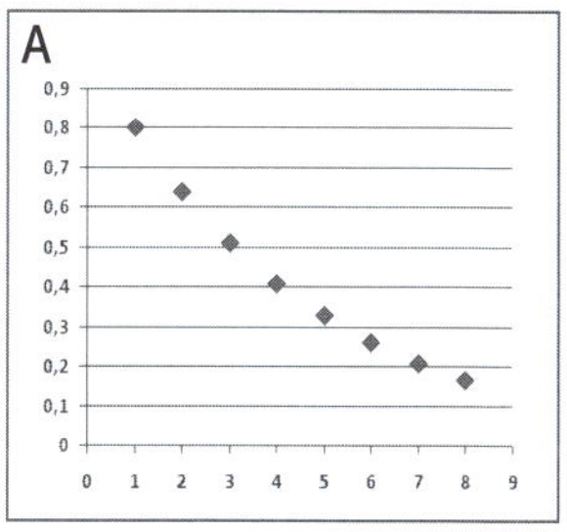

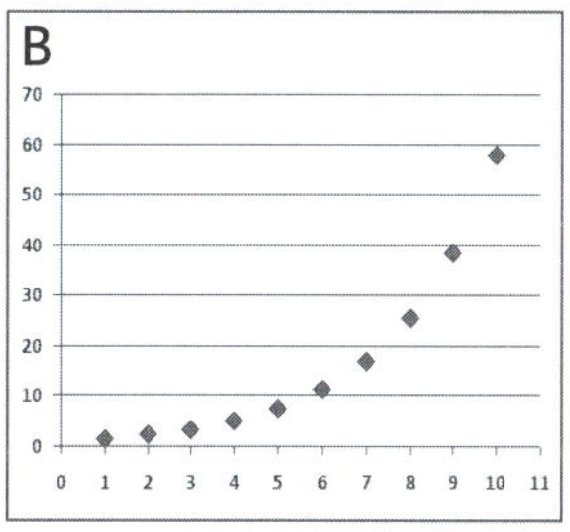

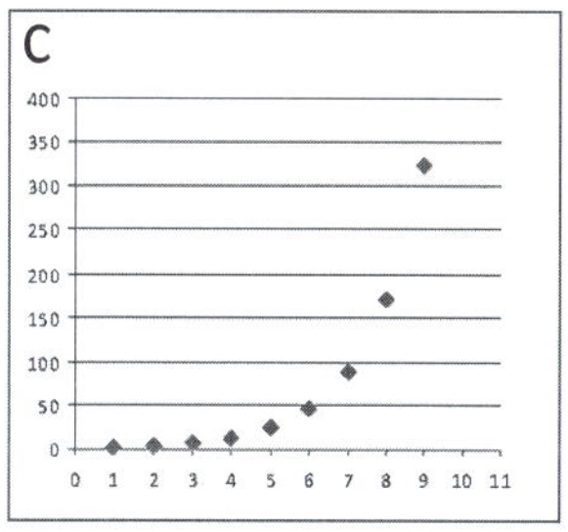

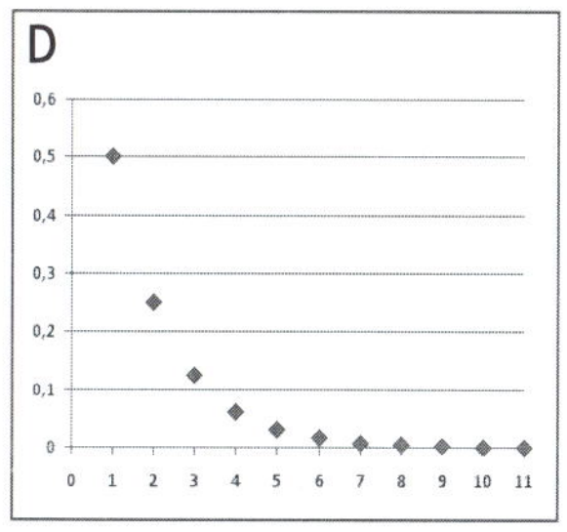

$f(x) = 1{,}9^x$; Plot: ______ $g(x) = 0{,}5^x$; Plot: ______ $h(x) = 0{,}8^x$; Plot: ______ $i(x) = 1{,}5^x$; Plot: ______

4 Trage die Lösung ein oder schreibe k. L. für „keine Lösung" hinter die Aufgabe.

a) $4^{\square} = 64$ b) $4^{\square} = -16$ c) $4^{\square} = 1$ d) $4^{\square} = 0$

e) $\left(\frac{1}{2}\right)^{\square} = \frac{1}{64}$ f) $\left(\frac{1}{3}\right)^{\square} = \frac{1}{81}$ g) $\left(\frac{1}{4}\right)^{\square} = -\frac{1}{16}$ h) $\left(\frac{1}{5}\right)^{\square} = 0{,}04$

5 Löse die Gleichung. Gib die Lösung bei a) näherungsweise und bei b) exakt an.

a) $4^{(x+2)} - 72 = 1000 \quad | +72$

$4^x \cdot 4^2 =$ ______

$4^x =$ ______

$x \approx$ ______

b) $\frac{5^x}{5^3} - 98 = 527$

______

______

$x =$ ______

6 Die Lösung der Gleichung $5^x = 1000$ soll grafisch ermittelt werden. Im Plot siehst du die Funktion $f(x) = 5^x$ dargestellt.

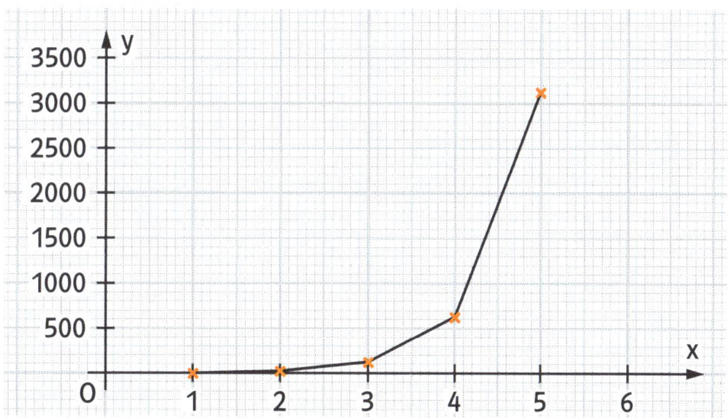

Verbindet man die Funktionspunkte linear (beachte $x \in \mathbb{Z}$), kann eine Näherungslösung für die Gleichung $5^x = 1000$ abgelesen werden

(x als Dezimalbruch). $x \approx$ ______ .

7 Die Wertetabelle gehört zu einer Funktion der Form $f(x) = a^x$. Allerdings ist bei jedem Aufgabenteil genau eines der Wertepaare falsch berechnet worden. Finde die Basis a und korrigiere das falsche Wertepaar.

a)

x	2	4	6
f(x)	4	32	64

$f(x) =$ ______

b)

x	1	2	3
f(x)	1	100	1000

$f(x) =$ ______

c)

x	3	4	6
f(x) ≈	1,73	2,07	2,49

$f(x) =$ ______

d)

x	2	4	6
f(x) ≈	6,25	39,06	97,66

$f(x) =$ ______

1 Löse wie im Beispiel.

a) $\log_4(0{,}0625)$

$= \log_4\left(\frac{1}{16}\right)$

$= \log_4(4^{-2}) = -2$

b) $\log_2(512)$

= ______

= ______

c) $\log_7(7)$

= ______

= ______

d) $\log_{97}(1)$

= ______

= ______

e) $\log_6(36)$

= ______

= ______

f) $\log_3\left(\frac{1}{81}\right)$

= ______

= ______

g) $\log_{0{,}2}(625)$

= ______

= ______

h) $\log_{\frac{1}{2}}(0{,}125)$

= ______

= ______

2 Finde den Fehler in den folgenden Umformungen und korrigiere die Rechnung.

a) $\log_2(8 \cdot 8) = (\log_2(8)) \cdot (\log_2(8)) = 3 \cdot 3 = 9$

b) $\log_3(27) = \log_3(3^3) = (\log_3(3))^3 = 1^3 = 1$

c) $\log_4(16) = \log_4(1 \cdot (16)) = \log_4(1) + \log_4(16) = 1 + 2 = 3$

d) $\log_5(625 : 5) = (\log_5(625)) : (\log_5(5)) = 4 : 1 = 4$

3 Löse wie im Beispiel mit dem Taschenrechner. Gib einen Näherungswert mit drei Nachkommastellen an.

a) $5^x = 100$

$x = \log_5(100) = \frac{\log(100)}{\log(5)} \approx 2{,}861$

Probe: $5^{2{,}861} \approx$ ______

b) $100^x = 5$

______

Probe: ______

c) $10^x = 5$

______

Probe: ______

4 a) Untersucht man die relative Häufigkeit der ersten Ziffern von Hausnummern in einer Stadt, so stellt man fest, dass diese nicht gleich verteilt sind, sondern dem sogenannten Benford-Gesetz folgen: $f(d) = \log_{10}\left(1 + \frac{1}{d}\right)$.
Hierbei steht d für die Ziffern von 1 bis 9 und f(d) für die relative Häufigkeit ihres Vorkommens. Zum Beispiel ist $f(1) = \log_{10}\left(1 + \frac{1}{1}\right) = \log_{10}(2) \approx 0{,}3$; das heißt 30 % der Hausnummern in einer Stadt beginnen mit einer 1. Ergänze die Wertetabelle und zeichne ein Säulendiagramm für die Verteilung. Beschrifte auch die Achsen.

Ziffer	relative Häufigkeit
1	0,30
2	
3	
4	
5	
6	
7	
8	
9	

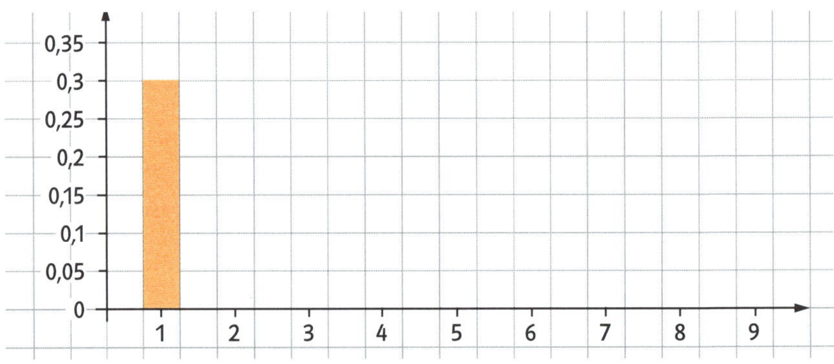

Für die Summe aller relativen Häufigkeiten gilt:

$\log_{10}(2) + \log_{10}\left(\frac{3}{2}\right) + \log_{10}\left(\frac{4}{3}\right) + \ldots + \log_{10}\left(\frac{9}{8}\right) + \log_{10}\left(\frac{10}{9}\right)$

$= \log_{10}($ ______ $) = \log_{10}($ ______ $) =$ ______

b) Statt mit einem Säulendiagramm kann man die Verteilung der relativen Häufigkeiten auch durch Symbole darstellen. Ergänze die fehlenden Ziffern.

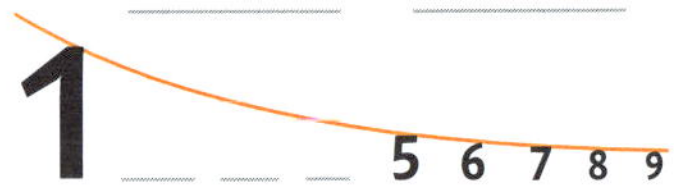

Fülle die Lücken. Für jeden Buchstaben findest du einen Strich. Löse dann die Beispielaufgaben.

Darstellung von Zahlen mit Zehnerpotenzen

Jede Zahl kann als Produkt einer Zehnerpotenz und einer Dezimalzahl geschrieben werden. In der wissenschaftlichen Schreibweise wird eine Zahl als Produkt aus

- einer Dezimalzahl mit genau einer _ _ _ _ _ _ ungleich null vor dem _ _ _ _ _ und
- einer _ _ _ _ _ _ _ _ _ _ _ _ dargestellt.

■ Gib in wissenschaftlicher Schreibweise an.

20 456 = ______ · $10^{\square}$

0,005 807 = ______

391,02 = ______

0,000 000 61 = ______

Potenzen mit ganzzahligen Exponenten

Potenz: $a^n = \underbrace{a \cdot a \cdot \ldots \cdot a}_{\_\ \text{Faktoren}}$ (a: Basis, n: Exponent)

Für jede Basis a (a ≠ 0) und jeden natürlichen Exponenten n gilt:

$a^{-n} = \frac{1}{a^n}$ und $a^0 = 1$

■ Berechne.

$8^0 =$ ___

$4^3 =$ ______

$3^{-2} = \frac{1}{\square} = \frac{\square}{\square}$

$(-5)^{-3} = \frac{1}{\square} = \frac{\square}{\square}$

Rechnen mit Potenzen

Für positive Basen a und b und ganzzahlige Exponenten p und q gilt

- bei gleicher _ _ _ _ _:

  $a^p \cdot a^q = a^{p+q}$ $\qquad a^p : a^q = \frac{a^p}{a^q} = a^{p-q}$

- bei gleichem _ _ _ _ _ _ _ _ _ _ _:

  $a^p \cdot b^p = (a \cdot b)^p$ $\qquad a^p : b^p = \frac{a^p}{b^p} = \left(\frac{a}{b}\right)^p$

- beim Potenzieren von Potenzen: $(a^m)^n = a^{m \cdot n}$

■ Fasse zusammen.

$a^5 \cdot a^3 =$ ___

$b^4 \cdot b^{-7} =$ ___

$c^4 : c^2 =$ ___

$3^{\frac{1}{5}} \cdot 5^{\frac{1}{5}} =$ ___

$10^p : 2^p =$ ___

$(x^4)^2 =$ ___

Gleichungen mit Potenzen – Basis gesucht

Gleichungen der Form $x^n = a$ mit $n \in \mathbb{N}$ werden durch Ziehen der n-ten Wurzel gelöst. Für die Lösungen dieser Gleichungen gilt

bei _ _ _ _ _ _ Exponenten n:		bei _ _ _ _ _ _ _ _ Exponenten n:	
zwei Lösungen $-\sqrt[n]{a}, \sqrt[n]{a}$	für a □ 0	eine Lösung $\sqrt[n]{a}$	für a □ 0
eine Lösung 0	für a = 0	eine Lösung 0	für a = 0
keine Lösung	für a □ 0	eine Lösung $-\sqrt[n]{\lvert a \rvert}$	für a □ 0

■ Gib die Lösung(en) an.

$x^4 = 16$ ______

$x^3 = 8$ ______

$x^5 = -1$ ______

$x^2 = -4$ ______

$x^6 = 0$ ______

Gleichungen mit Potenzen – Exponent gesucht

Gleichungen der Form $a^x = b$ können z. B. zeichnerisch mithilfe des Graphen der _ _ _ _ _ _ _ _ _ _ _ funktion f mit $f(x) = a^x$ oder rechnerisch durch Einschachtelung (geschicktes Probieren) gelöst werden.

So erhält man eine _ _ _ _ _ _ _ _ _ lösung.

■ Löse im Kopf.

$2^x = 8$ $\qquad x =$ ___

■ Bestimme eine ganzzahlige Näherungslösung für $1{,}7^x = 120$.

$1{,}7^8 \approx$ ___ < 120; $1{,}7^9 \approx$ ___ 120

$1{,}7^{10} \approx$ ___ 120, also gilt $x \approx$ ___

1 Bestimme den Scheitelpunkt der quadratischen Funktion.

a) $y = x^2 - 12x + 18$

$y = x^2 - 12x$ ______

$y = (x$ ______ $)^2$ ______

S(___ | ___)

b) $y = x^2 - x + 1$

$y = x^2$ ______

$y =$ ______

S(___ | ___)

c) $y = 4x^2 + 16x + 4$

$y =$ ______

$y =$ ______

$y =$ ______

S(___ | ___)

2 Löse die Gleichung rechnerisch.

a) $x^2 + 23x = 0$

$x \cdot (x +$ ______ $) = 0$

$x_1 = 0$; $x_2 =$ ______

b) $x^2 - 1{,}3x = 0$

______

$x_1 =$ ______; $x_2 =$ ______

c) $x^2 + 3x - 10 = 0$

______

______

$x_1 =$ ______; $x_2 =$ ______

d) $x^2 - 6{,}25 = 0$

______

______

$x_1 =$ ______; $x_2 =$ ______

3 Für welche Zahl x ist das Produkt der Zahl mit der um 11 verkleinerten Zahl am kleinsten?

Zahl: x ; um 11 verkleinerte Zahl: x ______

Produkt p (x) = ______

Lies den Scheitelpunkt aus der Scheitelform rechts ab. S(___ | ___).

Für die Zahl ______ wird das Produkt am kleinsten, nämlich ______ .

Umformung in Scheitelform:

p (x) = ______

p (x) = ______

p (x) = ______

4 Finde das Streckzentrum und bestimme den Streckfaktor k = ______ .

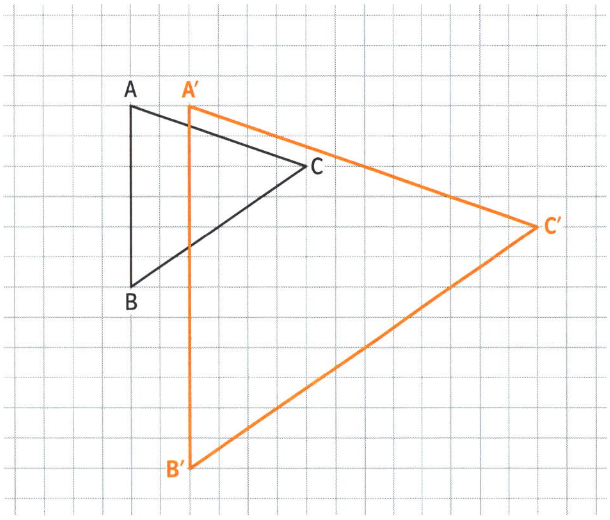

5 Für eine Kletterrose will Herr Meier ein Gestell bauen, bei dem die Abstände der Querlatten jeweils 50 cm betragen sollen. Bestimme die Längen der übrigen Latten, wenn die unteren beiden Latten jeweils 40 cm lang sein sollen.

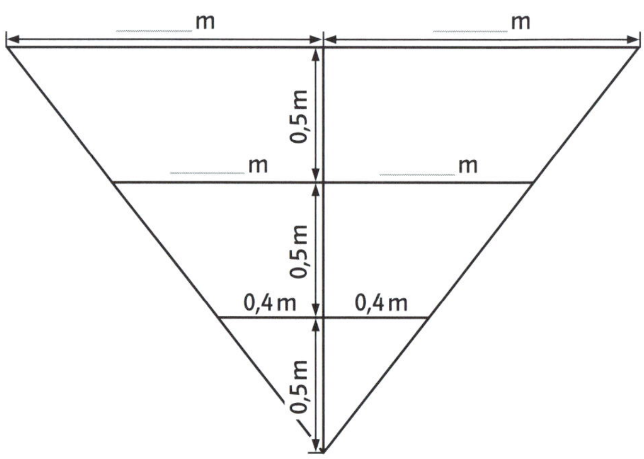

6 Die im Straßenschild angegebene Steigung von 12 % bedeutet, dass bei 100 m horizontaler Fortbewegung 12 m Höhenunterschied zu bewältigen sind. Bestimme die fehlenden Angaben in der Zeichnung.

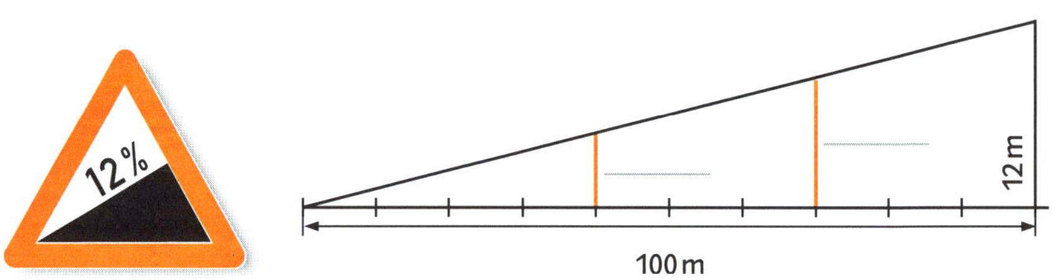

7 Berechne die farbig markierten Strecken.

a)
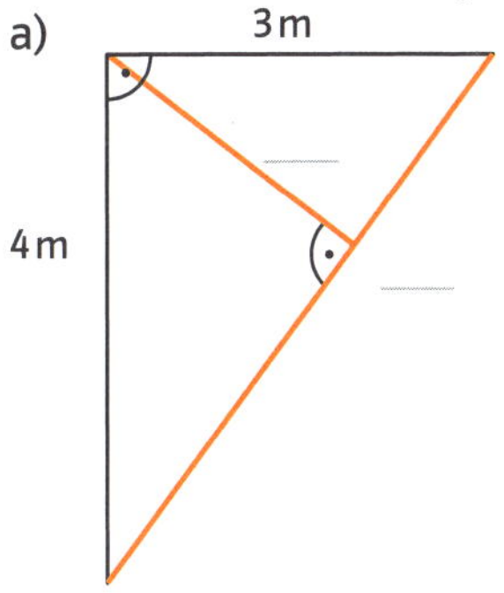

b)
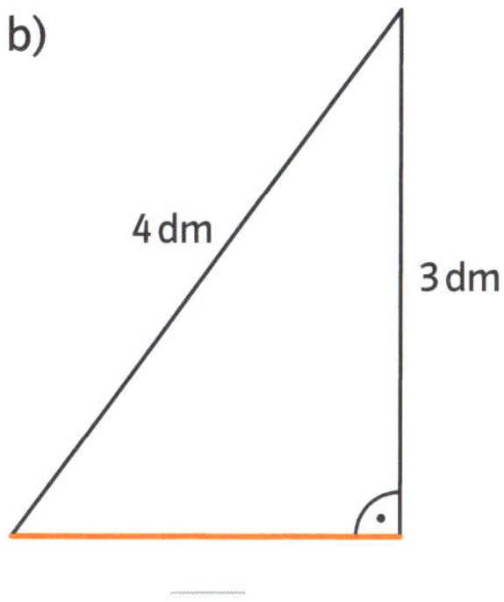

c)
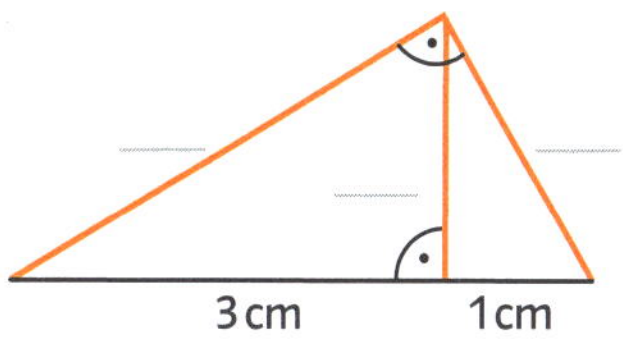

d)
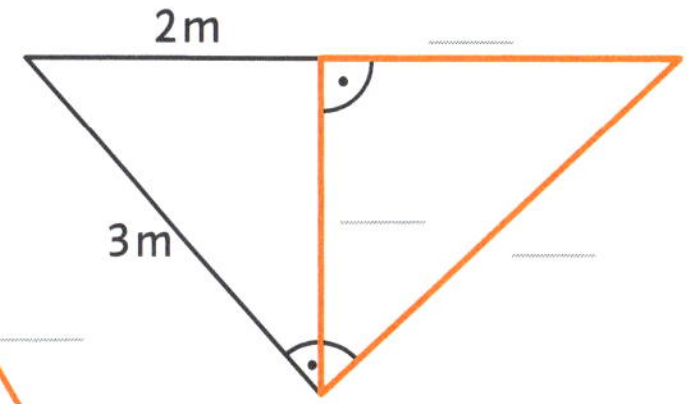

8 Berechne die Höhe x des Trapezes sowie seinen Flächeninhalt.

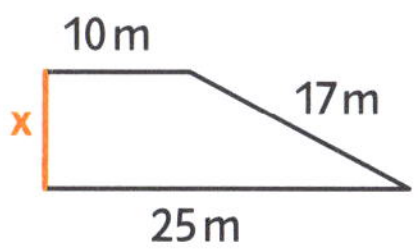

x = ________ m   Flächeninhalt A = ________ m^2

9 Das gleichschenklige Dreieck hat einen Flächeninhalt von 16 cm^2. Berechne die Höhe h und die Länge der Schenkel s.

h = ____________ cm

s ≈ ____________ cm

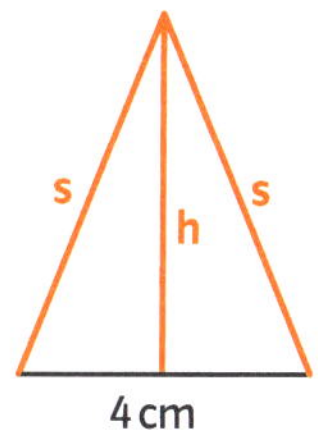

10 Ein Hersteller von Litfaßsäulen wirbt damit, dass die Größe der Werbefläche ungefähr 3,5 m^2 beträgt. Die nutzbare Höhe der Säule gibt er mit 166 cm an.

a) Berechne den Radius der Säule.

M = ________ → r = ____________________

b) Berechne den Umfang der Säule.

U = ____________________

c) Wie viele DIN-A2-Plakate kannst du nebeneinander auf die Säule kleben?

Ein DIN-A2-Plakat hat das Format 420 mm · 594 mm, das sind _____ m · _____ m.

Man kann also ___ Plakate hochkant nebeneinanderkleben.

11 Ergänze die Tabelle.

		Übersetzung der Einheit	wissenschaftliche Schreibweise	Dezimalschreibweise
a)	Wellenlänge von Schwarzlicht: 350 nm			
b)	Dicke eines Haares: 0,12 mm			
c)	Luftdruck am Nanga Parbat: 350 hPa			
d)	Tiefe des Marianengrabens: 11 km			
e)	Leistung des größten Wasserkraftwerks: 18 200 MW			

12 Ergänze die fehlenden Zahlen.

a) $11 \cdot 10^3 \cdot 7 \cdot 10^2 = 77 \cdot 10^{\square} = 7{,}7 \cdot 10^{\square}$

b) $5 \cdot 10^{-2} \cdot 1{,}5 \cdot 10^4 = \square \cdot 10^2$

c) $10^5 \cdot \square \cdot 10^{-7} = 6 \cdot 10^{-2}$

d) $(8 \cdot 10^{-6}) : (2 \cdot 10^{\square}) = \square \cdot 10^{-10}$

e) $(36 \cdot 10^8) : (\square \cdot 10^{-1}) = 3 \cdot 10^{\square}$

f) $54 \cdot 10^{-3} \cdot 10^{\square} = 54 \cdot 10^{-5} = \square \cdot 10^{-4}$

Exponentielles Wachstum (1)

1 Die Grafik zeigt die Anzahl der Kunden eines Telefonanbieters jeweils zum Jahresanfang.

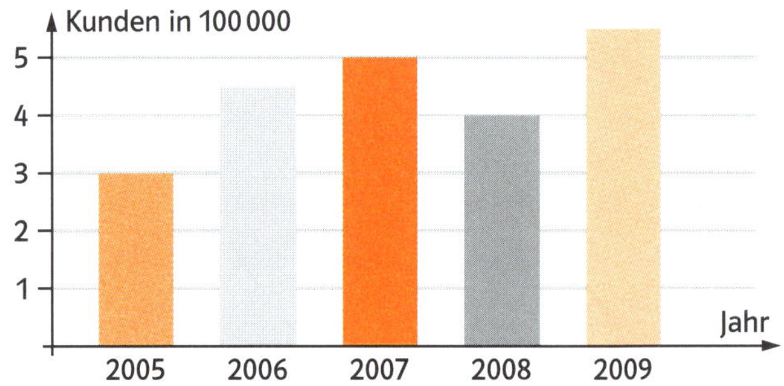

a) Von 2005 auf 2006 ist die Kundenzahl um

__________ Kunden ______________

(absolute Änderung). Sie ist um ____ % gestiegen

(relative bzw. ______________ Änderung).

b) Berechne die Änderungen für die folgenden Jahre.

Änderung	von 2006 auf 2007	von 2007 auf 2008	von 2008 auf 2009
absolut	B( ) − B( ) = ________		
relativ	$\frac{B(\ ) - B(\ )}{\ }$ = ________ ________ = ______ %		

2 Entscheide jeweils, ob es sich um einen exponentiellen Wachstumsvorgang handelt.

a)

t	0	1	2	3	4	5
B(t)	17	34	51	68	85	102

Exponentielles Wachstum? ______________

Begründung: ______________

____

b)

t	0	1	2	3	4	5
B(t)	16	24	36	54	81	121,5

Exponentielles Wachstum? ______________

Begründung: ______________

____

3 Berechne jeweils die gesuchte Größe für eine exponentielle Zunahme.

gegeben	a) B(10) = 24 p = 6 %	b) B(5) = 258 p = 0,15 = ______ %
gesucht	B(11)	B(4)
Rechnung	q = ______ + ______ = ______ B(11) = q · ______ = ______ · ______ = ______	q = ______ B(5) = q ______ | : ______ B(4) = ______ = ______ ≈ ______

4

Der Bestand des afrikanischen Löwen verringert sich kontinuierlich: Im letzten Jahrzehnt ist er von 70 000 auf aktuell 23 000 Tiere gesunken.

Die Aktie des Unternehmens ist im letzten Jahr um 9,3 % auf 182,40 € gestiegen.

Die Konzertagentur Startour rechnet mit einem Anstieg von 17 % für das Jahr 2010. 2009 hatten 437 000 Menschen die Veranstaltungen der Agentur besucht.

a) Mit wie vielen Besuchern rechnet die Agentur Startour im Jahr 2010? ______________

b) Welchen Wert hatte die Unternehmensaktie vor einem Jahr? ______________

c) Um wie viel Prozent ist der Bestand afrikanischer Löwen im letzten Jahrzehnt gesunken?

______________ .

Bei gleichbleibender prozentualer Abnahme gibt es in zehn Jahren noch ______________ Löwen in Afrika, bei gleichbleibender absoluter Abnahme ______________ .

Exponentielles Wachstum (2)

1 Die Tabellen beschreiben jeweils einen Wachstumsvorgang. Die Werte in der rechten Tabelle sind auf zwei Dezimale gerundet. Ergänze den Lückentext.

a)

t	0	1	2	3	4	5
B(t)	10	13	16	19	22	25

Die Tabelle beschreibt einen ______ Wachstumsvorgang, da die ______ zweier aufeinanderfolgender Werte ______ ist (hier: ___). Es gilt: B(20) = 10 ______ = ______.

b)

t	0	1	2	3	4	5
B(t)	2,00	2,40	2,88	3,46	4,15	4,98

Die Tabelle beschreibt einen ______ Wachstumsvorgang, da der ______ zweier aufeinanderfolgender Werte ______ ist (hier: ___). Es gilt: B(20) ≈ ______.

2 Die Tabellen beschreiben ein lineares Wachstum. Gib jeweils eine Formel an, mit der man den Bestand B(t) nach t Schritten berechnen kann und ergänze die Lücken.

a)

t	0	3	11		50	
B(t)	16	28		76		412

Formel: B(t) = ______

b)

t	0	1		11	15	
B(t)	5		7		15	29

Formel: B(t) = ______

3 Die Tabellen beschreiben ein exponentielles Wachstum. Gib jeweils eine Formel an, mit der man den Bestand B(t) nach t Schritten berechnen kann und ergänze die Lücken.

a)

t	0	1	2		10
B(t)	200		50	3,125	

Formel: B(t) = ______

b)

t	0	1	2		20
B(t)		4	5	$9\frac{49}{64}$	

Formel: B(t) = ______

4 Der Bienenbestand eines Imkers wächst exponentiell und es ist B(2) = 6000. Bestimme B(4), wenn gilt:

a) B(1) = 5000 ______

b) B(3) = 6750 ______

5 Zu jeder grau unterlegten Situation gehören jeweils eine orange und zwei graue Gleichungskärtchen. Markiere zusammengehörige Karten. Die zugehörigen Buchstaben ergeben – richtig zusammengestellt – jeweils ein Lösungswort.

Fionas Auto ist 20 000 € wert. Der Wert des Autos sinkt jährlich um 5 %. (F)

Benni hat 20 000 € angespart. Von der Bank erhält er 5 % Zinsen. (E)

Die Fläche eines Waldgebiets von 20 000 m^2 sinkt jährlich um 0,5 %. (A)

$B(t) = 20\,000 + 0{,}95^t$ (E)

$B(t) = 20\,000 \cdot 1{,}05^t$ (H)

$B(t) = 20\,000 \cdot 1{,}005^t$ (N)

$B(t) = 20\,000 \cdot 0{,}95^t$ (W)

$B(t) = 20\,000 \cdot 0{,}995^t$ (P)

$B(t) = 20\,000 + t \cdot 1{,}05$ (A)

$B(t) = 20\,000 \cdot 0{,}05^t$ (I)

B(1) = 19 000 (L)

B(1) = 21 000 (L)

B(5) = 25 562 (R)

B(10) = 19 022 (U)

B(3) = 19 701 (F)

B(8) = 13 268 (O)

B(5) = 15 466 (D)

B(10) = 11 957 (S)

B(5) = 25 526 (C)

Lösungswörter: ______ Wort aus den übrigen Buchstaben: ______

1 Berechne die fehlende Größe im Kopf.

Anfangskapital	600 €		2500 €	4000 €	2000 €	700 €
Jahreszinssatz		10 %	3,5 %		5 %	
Laufzeit	1 Jahr	1 Jahr	1 Jahr	2 Jahre	2 Jahre	6 Monate
Endguthaben	624 €	550 €		4080,40 €		770 €

2 Susi Sorglos hat 10 000 € in hoch spekulative Aktien investiert. Sie haben in den letzten fünf Jahren durchschnittlich eine Wertsteigerung von 12 % erfahren.

a) Wie würde sich der Wert ihrer Aktien entwickeln, wenn diese Wertsteigerung auch in Zukunft bei jährlich 12 % bliebe?
Fülle die Wertetabelle aus und zeichne den zugehörigen Graphen.

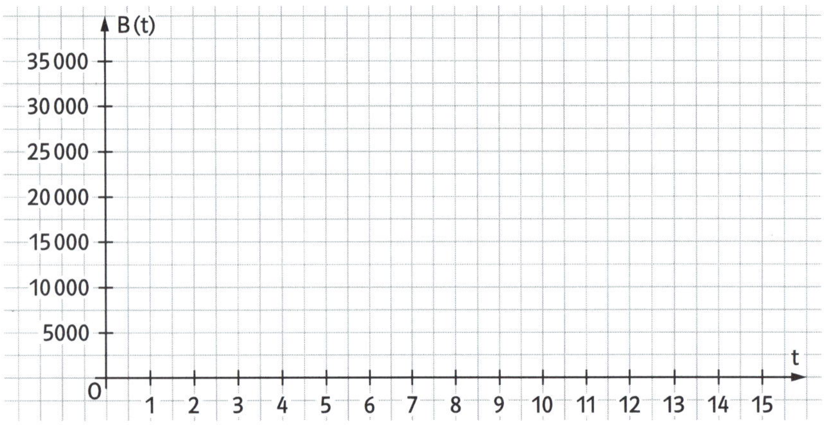

t in Jahren	B(t) in €
0	
1	
2	
3	
4	
5	
6	
7	
8	
9	
10	
11	
12	

b) Beantworte mithilfe des Graphen: Das Kapital verdoppelt sich etwa alle ______ Jahre, es verfünffacht sich etwa alle ______ Jahre. Mithilfe der Werte kann man die weitere Entwicklung abschätzen: In etwa ______ Jahren sind die Aktien 100 000 € wert, in etwa ______ Jahren 1 000 000 €.

3 Jims eineinhalb Jahre altes Handy verliert alle drei Monate 10 % an Wert.
Er könnte es jetzt für 159 € verkaufen.
Berechnung des Neupreises B (0):

159 = B (0) · ______ | ______

B (0) = ______ = ______

Das Handy hat neu ______ gekostet.

Wann ist das Handy nur noch 100 € wert?

Es gilt: B (t) = ____________

Durch Ausprobieren mit dem Taschenrechner erhält man: B (t) < 100 falls t ≧ ____ . Das Handy ist also in ________________________ noch 100 € wert.

4 Ordne die Graphen richtig zu. Achte darauf, nach welcher Zeit sich die Bestände verdoppeln bzw. halbieren. [T1]

(A) Petra erhält bei der Bank 5 % Zinsen im Jahr.

(B) Tonis Roller verliert jährlich 12 % an Wert.

(C) Helenas Briefmarkensammlung steigt jährlich um 8 % im Wert.

(D) Der Wert von Torbens Aktien sinkt jährlich um 10 %.

(E) Der Wert von Klaras E-Piano halbiert sich alle fünf Jahre.

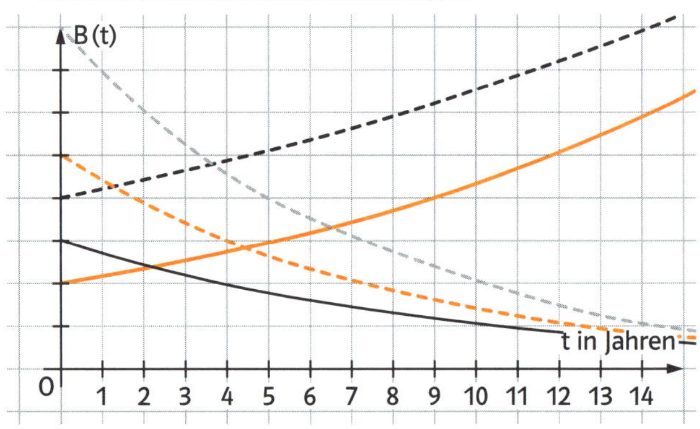

[T1] Überlege bei A und C, wann etwa 50 % des Ausgangswertes dazugekommen sein müssen.

1 Ben will 6000,00 € bei der Bank anlegen. Entscheide, ob die Aussagen richtig oder falsch sind (markiere falsche Stellen im Text) und kreise die entsprechenden Buchstaben ein (Lösungswort).

Aussage	wahr	falsch
Bei einem Jahreszins von 4,5 % verdoppelt sich Bens Kapital in ca. 16 Jahren. Nach 32 Jahren hat er dann insgesamt 24 000 € Zinsen erhalten.	S	R
Bei Angebot A (1. Jahr: 3 %, 2. Jahr: 4 %, 3. Jahr: 5 %) hat Ben nach drei Jahren genauso viel Zinsen erhalten wie bei Angebot B (1. Jahr: 5 %, 2. Jahr: 4 %, 3. Jahr: 3 %).	O	A
Bei Angebot A (1. Jahr: 3 %, 2. Jahr: 4 %, 3. Jahr: 5 %) hat Ben nach drei Jahren genauso viel Zinsen erhalten wie bei Angebot C (drei Jahre lang je 4 %).	S	D
Bei einem Jahreszins von 4 % hat Ben nach drei Jahren 749,18 € Zinsen bekommen, bei einem Jahreszins von 2 % nur die Hälfte davon.	E	A
Der Jahreszins beträgt 5 %. Würde Ben halb so viel Geld zum doppelten Zinssatz anlegen, hätte er nach drei Jahren genauso viel Zinsen.	L	U
Bei einem Jahreszins von 6 % bekommt Ben nach einem Jahr 360,00 € Zinsen. Nach sechs Monaten erhält er weniger als 180 € Zinsen.	C	N
Wenn sich Bens Kapital nach zehn Jahren verdoppelt, hat es sich nach 20 Jahren verdreifacht.	H	E

2 Aus der Formel $B(t) = B(0) \cdot q^t$ soll eine Beziehung zwischen $B(t)$ und $B(t + 1)$ hergeleitet werden. Welche Zwischenschritte führen zum Ziel? Notiere die entsprechenden Buchstaben in der richtigen Reihenfolge und markiere die Kästen mit dem Ergebnis. **Lösungswort: S _ _ _ W**

- E | $= q + B(0) \cdot q^t$
- K | $= q \cdot B(0)$
- L | $= B(0) \cdot q^t$
- W | $= q \cdot B(t)$
- C | $= B(0) \cdot q^t \cdot q^1$
- H | $= B(0) \cdot q^{t+1}$
- U | $= B(0) \cdot q^t - q$
- N | $= B(0) \cdot q^{t-1}$
- S | $B(t + 1)$
- T | $= B(1) \cdot q^t$
- M | $B(t)$
- I | $B(t - 1)$
- A | $= q^1 \cdot (B(0) \cdot q^t)$

3 Jedes Bild in der unten stehenden Abbildung entsteht aus dem jeweils vorhergehenden Bild dadurch, dass man das mittlere Drittel jeder Teilstrecke durch zwei Strecken dieser Länge ersetzt.

a) Führt man dieses Verfahren an einem gleichseitigen Dreieck durch, so entsteht schon nach wenigen Schritten eine Form, die einer Schneeflocke ähnelt („Koch'sche Schneeflocke"). Ergänze die Figuren:

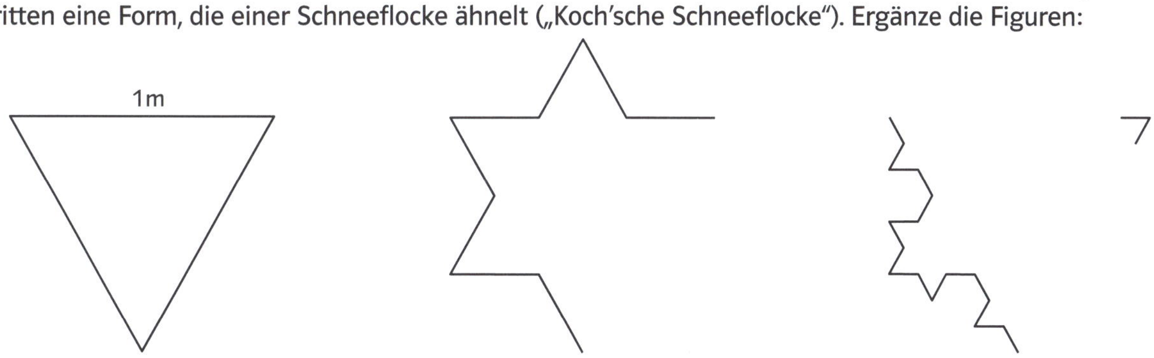

b) Die Umfänge der 3 Figuren betragen ______ m, ______ m und ______ m. Bei jeder Figur wächst der Umfang um ______ %. Der Umfang der Figuren wächst also ______________ mit q = ______. Für den Umfang der 100. Figur gilt: B(100) = ______________________. Ihr Umfang beträgt also rund ____________ km.

c) Der Flächeninhalt wächst von der ersten zur zweiten Figur um ______ %, von der zweiten zur dritten Figur um ______ %. Der Flächeninhalt wächst demnach ________ exponentiell. Der Flächeninhalt der 100. Figur beträgt etwa $0{,}69\,m^2$.

1 In einem großen See befinden sich 20 Saiblinge und 50 Forellen. Man nimmt an, dass die Zahl der Saiblinge in den nächsten Jahren stets um 25 % steigt und die Zahl der Forellen jährlich um 10 % wächst.

a) Ergänze die Tabelle und zeichne für die Bestandsentwicklung beider Fischarten jeweils einen Graphen.

Zeit t in Jahren	0	1	2	3	4	5	6	7	8	9	10
Bestand B(t) an Saiblingen	20	25									
Bestand B(t) an Forellen	50										

b) Beantworte mithilfe der Graphen.

Nach ca. ______ Jahren befinden sich gleich viele Saiblinge und Forellen im See, nämlich von jeder Art ca. ______ Fische. Nach der doppelten Zeit sind mehr ____________ als ____________ im See.

c) Die Zahl der Saiblinge verdoppelt sich etwa alle ______ Jahre und **verfünffacht** sich etwa alle ______ Jahre.

Da $1000 = 20 \cdot 2 \cdot 5 \cdot 5$, dauert es etwa ______ Jahre, bis 1000 Saiblinge im See sind.

Bis 800 Forellen im See leben, vergehen etwa ______ Jahre.

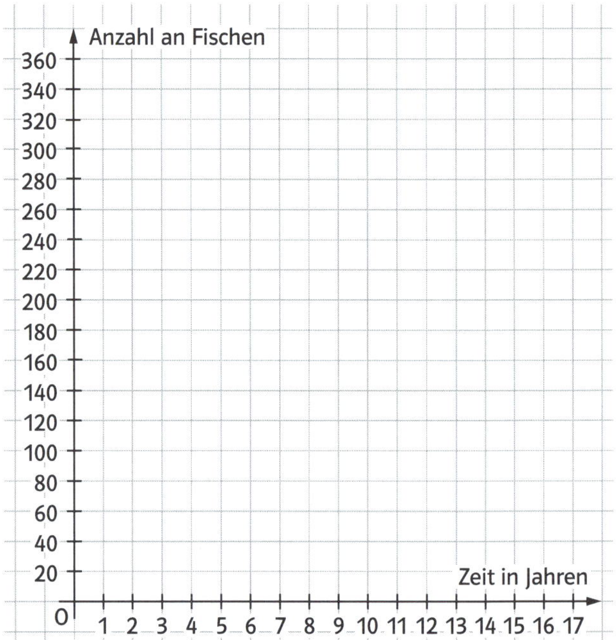

2 Herr Geldner verkauft seinen acht Jahre alten Sportwagen (Neupreis: 80 000 €) für 16 000 €.

Seine Tochter Sarah (6. Klasse) rechnet: „16 000 € sind genau ______ % von 80 000 €. Somit hat der Wagen in acht Jahren ______ % an Wert verloren, d. h., er hat jedes Jahr ______ % an Wert verloren."

Ihre drei Jahre ältere Schwester Julia entgegnet: „Das ist so nicht richtig, Sarah. Du hast lediglich ausgerechnet, dass der Wagen durchschnittlich jedes Jahr 10 % seines ____________ im Wert gesunken ist, d. h. durchschnittlich um ______ € pro Jahr. Hätte er jährlich 10 % seines noch vorhandenen Wertes eingebüßt, so wären das im ersten Jahr ______ €, im zweiten Jahr jedoch nur ______ € usw. Seinen heutigen Wert könnte man dann so ausrechnen:

$B(8) =$ ______________________ .

Das Auto hat also jährlich ______ als 10 % seines aktuellen Werts verloren."

Nun mischt sich Julias Freundin Jana ein: „Um den jährlichen prozentualen Wertverlust auszurechnen, muss man folgende Gleichung lösen: $B(8) = B(0) \cdot$ __________ d. h.

$16\,000 =$ __________ bzw. $q^8 =$ ______ . Demnach ergibt sich $q =$ __________ .

Der Sportwagen hat also jährlich rund ______ % an Wert verloren."

Rechnen mit exponentiellem Wachstum (2)

1 Berechne jeweils die fehlenden Größen bei einem exponentiellen Wachstum.

	a)	b)	c)
Anfangsbestand B (0)	1700	500 000	30 000
Prozentuale Änderung p	2,5 %		
Wachstumsfaktor q			0,9
Formel für B (t)	B (t) = 1700 ______		
Zeitschritte t	15	10	
Bestand nach t Zeitschritten		28 832 519,53	15 943,23

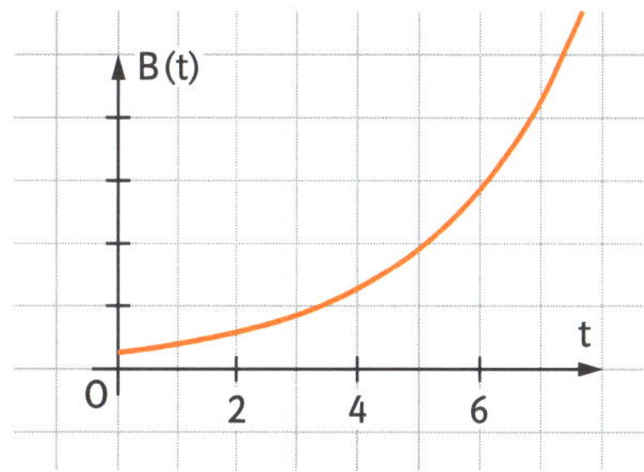

Der nebenstehende Graph beschreibt das Wachstum aus Teilaufgabe ______ .

2 Florian hat vor 5 Jahren ein 3 Jahre altes E-Piano für 2500 € gekauft. Nun verkauft er es für 1000 €. Wie hoch lag der Neupreis, wenn man davon ausgeht, dass der Wert des Instruments exponentiell fällt?

Berechnung des Wachstumsfaktors q: Es gilt B(____) = ______ und B(____) = ________ sowie

$q = \frac{B(\_\_)}{B(\_\_)} = \frac{\_\_\_\_\_\_}{\_\_\_\_\_\_} = \_\_\_\_$, demnach: q = ________________ .

Berechnung des Neupreises B (0): B(____) = B (0) · ____ , demnach: $B(0) = \frac{B(\_\_\_)}{\_\_\_\_} = \frac{\_\_\_\_\_\_}{\_\_\_\_} \approx \_\_\_\_$.

Das E-Piano hat neu etwa ________ € gekostet und pro Jahr etwa ______ % an Wert verloren.

3 Die Tabelle zeigt für verschiedene Jahre die Anzahl der in einer Stadt zugelassenen Sprit sparenden Pkw.

a) Berechne folgende Differenzen und Quotienten (runde die Quotienten auf drei Dezimale).

B (1) – B (0) = ______ B (2) – B (1) = ______

B (3) – B (2) = ______ B (4) – B (3) = ______

Mittelwert der Differenzen: ______

$\frac{B(1)}{B(0)} = \_\_\_\_\_\_$ $\frac{B(2)}{B(1)} = \_\_\_\_\_\_$

$\frac{B(3)}{B(2)} = \_\_\_\_\_\_$ $\frac{B(4)}{B(3)} = \_\_\_\_\_\_$

Mittelwert der Quotienten: ______

Jahr t	0	1	2	3	4
Anzahl B (t)	1237	1333	1427	1526	1633
Toms Wert	1237	1336			
Toms Abweichung	0 %	0,2 %	%	%	%
Tims Wert					
Tims Abweichung					

b) Tom vermutet, dass lineares Wachstum vorliegt. Mit dem Mittelwert der Differenzen erhält er die Formel: B (t) = ____________ . Demnach gäbe es im 10. Jahr ______ spritarme Autos in der Stadt.

c) Tim vermutet, dass exponentielles Wachstum vorliegt. Mit dem Mittelwert der Quotienten erhält er die Formel: B (t) = ____________ . Demnach gäbe es im 10. Jahr ______ spritarme Autos in der Stadt.

d) Ergänze die oben stehende Tabelle mit Toms und Tims Werten und berechne die Abweichungen (in %).
Ergebnis: ☐ Nur Toms Modell ist gut. ☐ Nur Tims Modell ist gut. ☐ Beide Modelle sind gut.

Fülle die Lücken. Für jeden Buchstaben findest du einen Strich. Löse dann die Beispielaufgaben.

Exponentielles Wachstum

liegt vor, wenn die _ _ _ _ _ _ _ _ _ _ _ Änderung für jeden Zeitschritt gleich ist. $q = \frac{B(t+1)}{B(t)}$ heißt _ _ _ _ _ _ _ _ _ _ _ _ _ _ _ des exponentiellen Wachstums. B(0) heißt _ _ _ _ _ _ _ _ _ _ _ _ _ _ .

Es gilt: $B(t) = B(0) \cdot$ ______

Ergänze für ein exponentielles Wachstum.

Jahr t	0	1	2	3	10
Anzahl B(t)	20	24			

$\cdot q$ $\cdot q$ $\cdot q$ $\cdot q$ ___

Wachstumsfaktor: ________

Bestand nach t Zeitschritten: B(t) = ____________

Exponentielle Zunahme und Abnahme

Exponentielle Zunahme liegt vor, wenn ein Bestand bei jedem Zeitschritt t um denselben Prozentsatz p zunimmt.
Für den Wachstumsfaktor q gilt dann: q = ______ .

Exponentielle Abnahme liegt vor, wenn ein Bestand bei jedem Zeitschritt t um denselben Prozentsatz p abnimmt.
Für den Wachstumsfaktor q gilt dann: q = ______ .

Ergänze.

Jahr t	0	1	2	3
Anzahl B(t)	250	350	490	686

Exponentielle ____________ p = ____ q = ____

Jahr t	0	1	2	3
Anzahl B(t)	135	90	60	40

Exponentielle ____________ p = ____ q = ____

Schaubilder verschiedener Wachstumsarten

Welches Schaubild gehört zu welcher Wachstumsart? Trage jeweils den richtigen Buchstaben ein.

Lineares Wachstum: ______

Exponentielle Zunahme: ______

Exponentielle Abnahme: ______

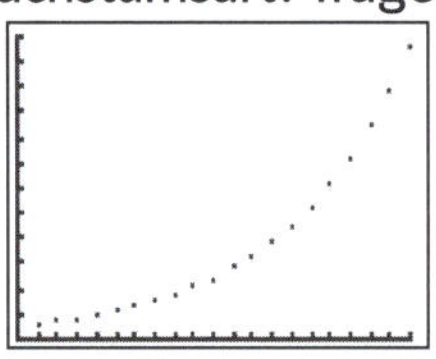
A

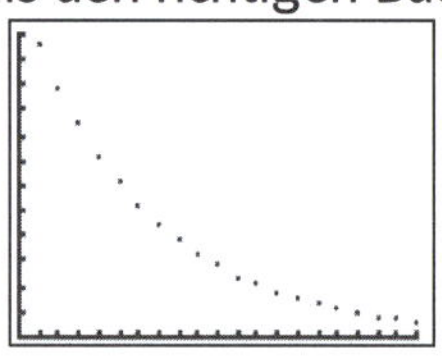
B

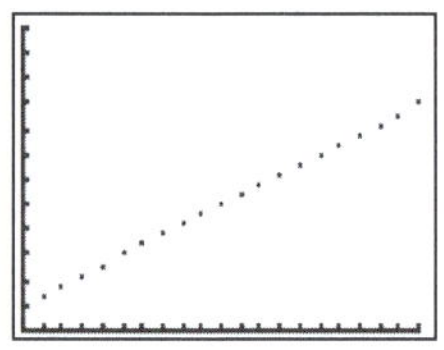
C

Den Wachstumsfaktor berechnen

Um den Wachstumsfaktor q zu berechnen, muss man die Formel $B(t) = B(0) \cdot q^t$ nach q umformen.

Es gilt: $q^t = \frac{B(\square)}{B(\square)}$ bzw. $q = \sqrt[t]{\frac{B(\square)}{B(\square)}}$

Jahr t	0	3	7	13
Anzahl B(t)	100	409,6		

$q^3 =$ ______ q = ______ = ____

B(t) = ____________

Einen Zeitraum ermitteln

Einen Zeitraum t kann man mithilfe einer _ _ _ _ _ _ _ _ _ _ _ _ oder mit einem _ _ _ _ _ _ _ näherungsweise ermitteln.

Außerdem erhält man den Zeitraum t durch (näherungsweises) Lösen der Gleichung

$q^t = \frac{\square}{\square}$.

Samuels Auto (Neupreis: 15 000 €) verliert jährlich 10 % an Wert. Nach wie vielen Jahren liegt der Wert des Wagens nur noch bei 5000 €?

t	7	8	9	10	11
B(t)	7174				

Nach ____ Jahren ist der Wagen noch 5000 € wert.

$0{,}9^t = \frac{5000}{15\,000} = \frac{1}{3}$

Wegen $0{,}9^{\square} < \frac{1}{3}$ und $0{,}9^{\square} > \frac{1}{3}$ beträgt der gesuchte Zeitraum ____ Jahre.

1 Markiere im rechtwinkligen Dreieck jeweils Ankathete, Gegenkathete und Hypotenuse von α. Fülle dann die Lücken aus.

a)

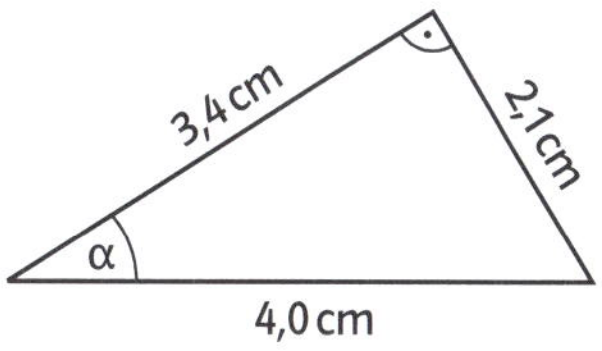

$\sin(\alpha) = \frac{\square}{\square}$

b)

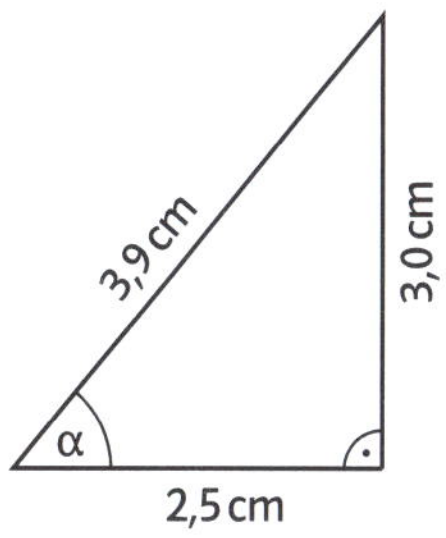

$\cos(\alpha) = \frac{\square}{\square}$

c)

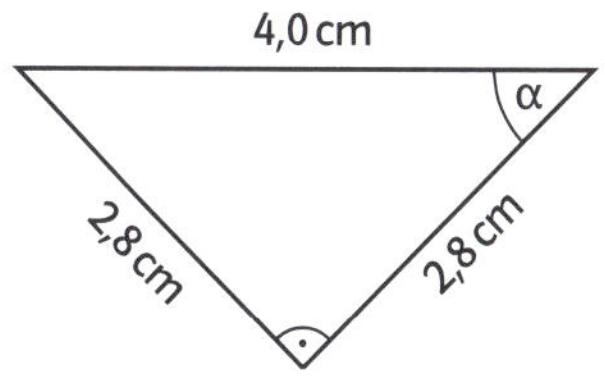

$\sin(\alpha) = \frac{\square}{\square}$

2 Ergänze die fehlenden Angaben.

$\cos(\square) = \frac{a}{\square}$

$\cos(\square) = \frac{c}{\square}$

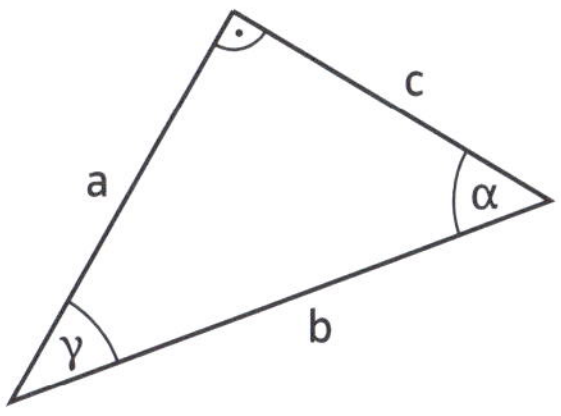

3 Schreibe alle unterschiedlichen Möglichkeiten auf.

$\sin(\square) = \frac{\square}{c}$

$\sin(\square) = \frac{\square}{c}$

$\sin(\square) = \frac{\square}{c}$

$\sin(\square) = \frac{\square}{c}$

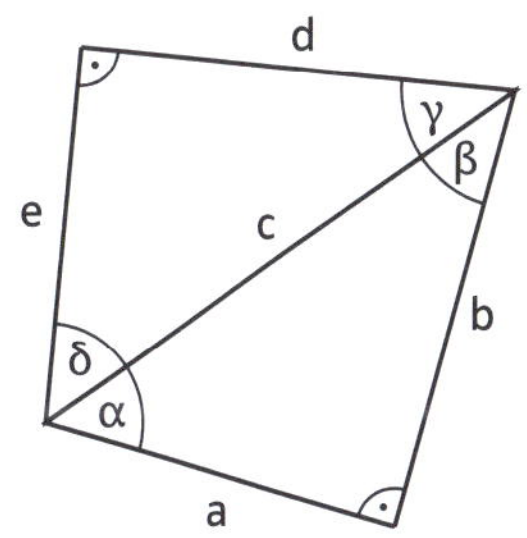

4 Berechne die fehlenden Seitenlängen und Winkelgrößen im Dreieck ABC für a = 3 cm, b = 4 cm und γ = 90°. [T1 – T3]

Skizze:

c = ______

α ≈ ______

β ≈ ______

5 Richtig oder falsch? Kreuze an. Korrigiere vorhandene Fehler in den Brüchen.

	richtig	falsch	Korrektur, z. B.
$\cos(\alpha) = \frac{c}{e}$	○	⊗	$\cos(\alpha) = \frac{w}{e}$
$\sin(\alpha) = \frac{u}{h+g}$	○	○	
$\sin(\alpha) = \frac{v}{e+f}$	○	○	
$\sin(\alpha) = \frac{v}{g}$	○	○	
$\sin(\alpha) = \frac{v}{a}$	○	○	
$\sin(90° - \alpha) = \frac{c}{e}$	○	○	[T4]

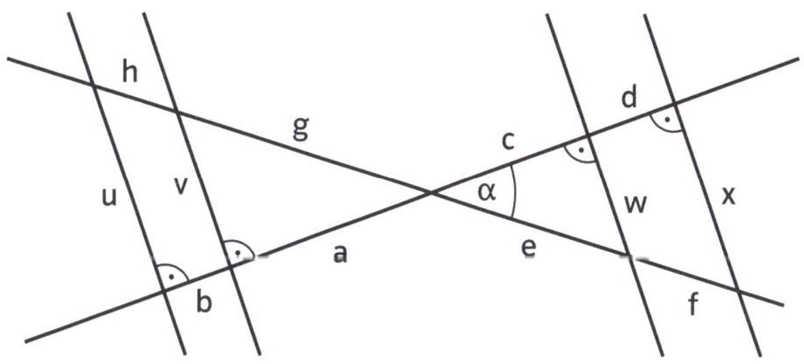

[T1] Skizziere und beschrifte das Dreieck.

[T2] Das Dreieck ist rechtwinklig, also kann die fehlende Seite mit dem Satz des Pythagoras berechnet werden.

[T3] $\sin(\alpha) = \frac{\text{Gegenkathete}}{\text{Hypotenuse}}$

[T4] Wenn γ = 90° gilt, so ist im Dreieck β = 90° − α.

Sinus und Kosinus (2)

1 Bestimme die Größe des Winkels α. Zeichne anschließend ein rechtwinkliges Dreieck ABC mit der gegebenen Seite.

a) $\sin(\alpha) = \frac{4}{5}$ α ≈ ________ ; a = 2 cm

b) $\cos(\alpha) = \frac{2}{3}$ α ≈ ________ ; b = 3 cm

2 Berechne den Winkel α oder die Seitenlänge a (nur unter Verwendung von Sinus und Kosinus).

a)

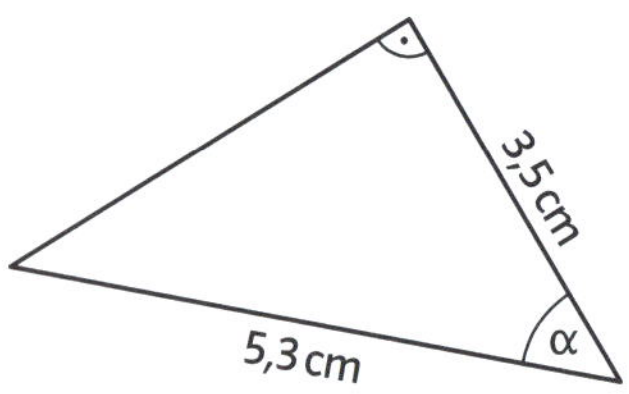

α ≈ ________

b)

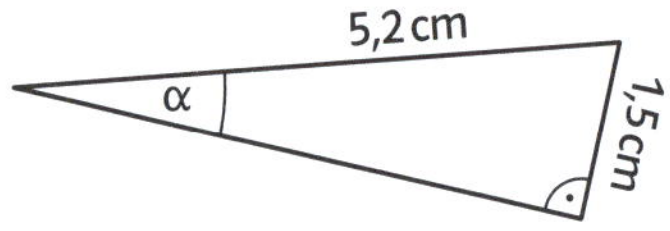

α ≈ ________

c)

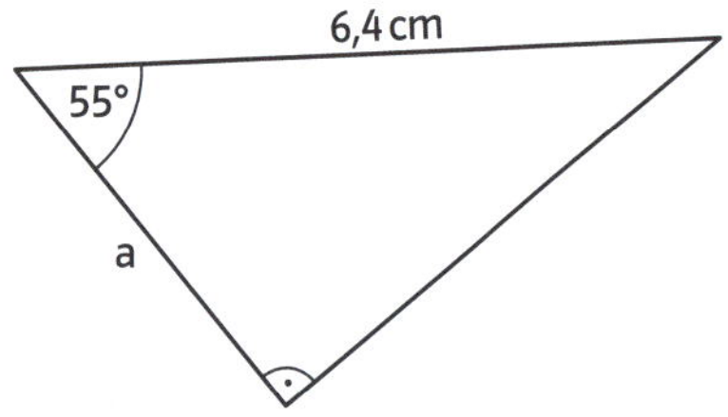

a ≈ ________

d)

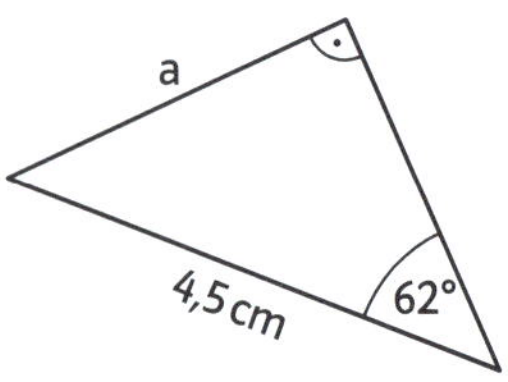

a ≈ ________

e)

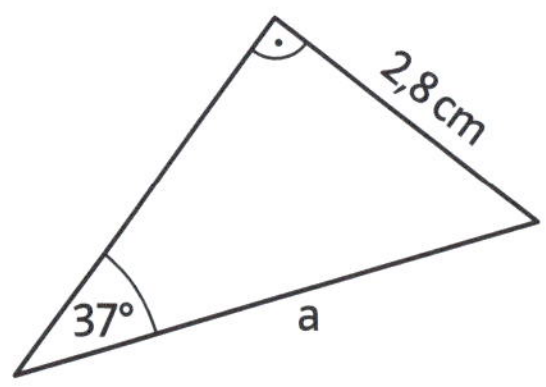

a ≈ ________

f)

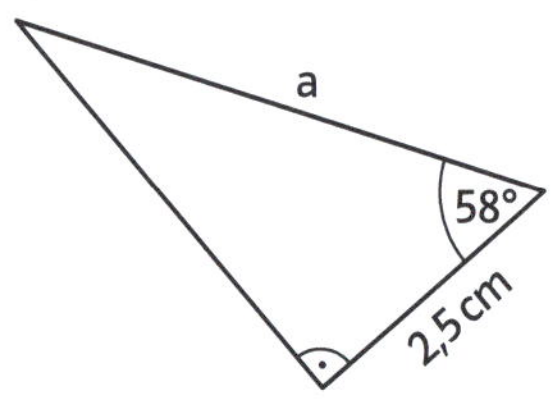

a ≈ ________

3 Die Bad Wildbader Seilbahn zum Sommerberg misst eine Strecke von 756 m. Von Bad Wildbad im Tal (420 m hoch gelegen) gelangt man zur Bergstation Sommerberg auf 720 m. Berechne den durchschnittlichen Steigungswinkel. Fertige zunächst eine Skizze an.

1 Berechne die fehlenden Einträge für das rechtwinklige Dreieck ABC und trage sie in der Tabelle ein.

	a)	b)
Skizze	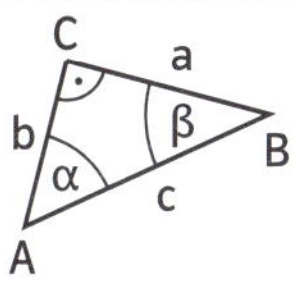	
a	3,2 cm	5,3 cm
b	4,5 cm	
c		
tan (α)		$\sqrt{3}$
α		
β		
γ		90°

2 Es ist $\tan(\alpha) = \frac{3}{2}$. Skizziere zwei Dreiecke mit diesem Seitenverhältnis.

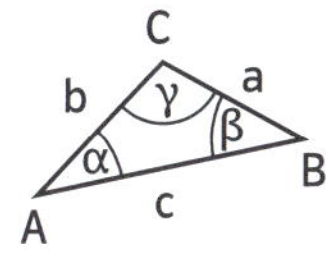

3 Berechne den Schnittwinkel der Geraden mit der Gleichung $f(x) = x + 3$ und $g(x) = 2x - 6$. Ergänze die beiden Steigungsdreiecke (α ist Steigungswinkel von f, β ist Steigungswinkel von g).

1

Steigungswinkel α von f:

$m_f = \frac{}{} = \tan(\_\_\_\_)$

$\_\_\_\_^{-1}(\alpha) = \_\_\_\_ \rightarrow \alpha = \_\_\_\_$

Steigungswinkel β von g:

$m_g = \frac{}{} = \tan(\_\_\_\_)$

$\_\_\_\_ = \_\_\_\_ \rightarrow \beta = \_\_\_\_$

Schnittwinkel: ____

4 Von der Uferpromenade am See zur Straße wird eine Treppe mit einer Zufahrt gebaut.
Die Stufen der Treppe haben eine Tiefe von 40 cm und eine Höhe von 22 cm.

a) Wie groß ist der Neigungswinkel α des Treppengeländers? [T1]

__________.

b) Welche Steigung (in %) müssen Fahrradfahrer und Kinderwagen auf der Zufahrt überwinden? [T2]

__________.

[T2] m = tan(α); die Steigung in % ist also m · 100

[T1] $\tan(\alpha) = \frac{\text{Gegenkathete}}{\text{Ankathete}}$

1 Ordne die Kärtchen A – D den Dreiecken so zu, dass die fehlenden Werte möglichst schnell berechnet werden können.

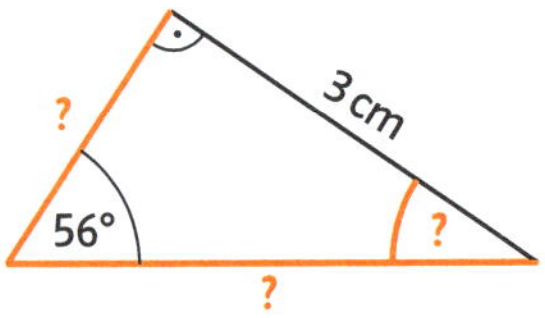

Ⓒ $\alpha + \beta = 90°$; $\sin(\alpha) = \frac{a}{c}$; $\cos(\alpha) = \frac{b}{c}$

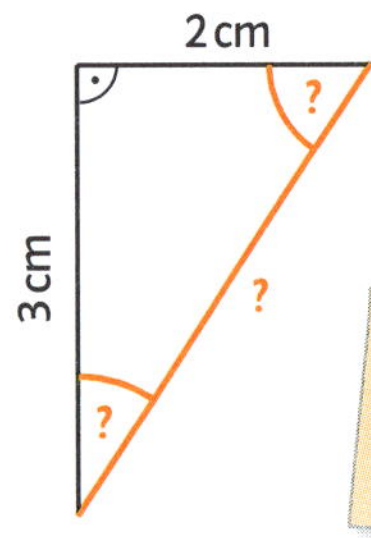

Ⓓ $\alpha + \beta = 90°$; $\sin(\alpha) = \frac{a}{c}$; $\tan(\alpha) = \frac{a}{b}$

Ⓑ $a^2 + b^2 = c^2$; $\tan(\alpha) = \frac{a}{b}$; $\tan(\beta) = \frac{b}{a}$

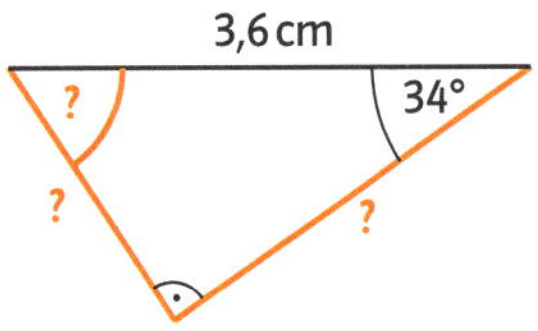

Ⓐ $b^2 = c^2 - a^2$; $\sin(\alpha) = \frac{a}{c}$; $\cos(\beta) = \frac{a}{c}$

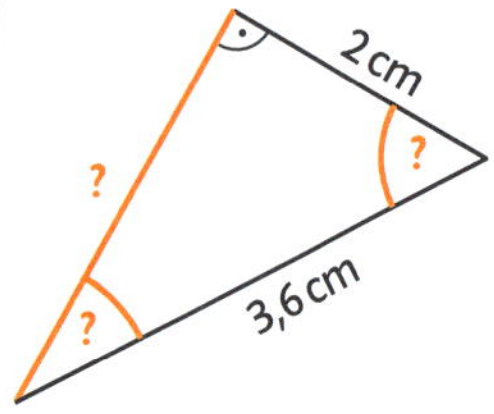

2 Ein Turm ist 8 m von einem geradlinig verlaufenden Fluss entfernt. Von der Aussichtsplattform in 20 m Höhe erscheint das jenseitige Flussufer unter einem Winkel von $\alpha = 50°$. Wie breit ist der Fluss?

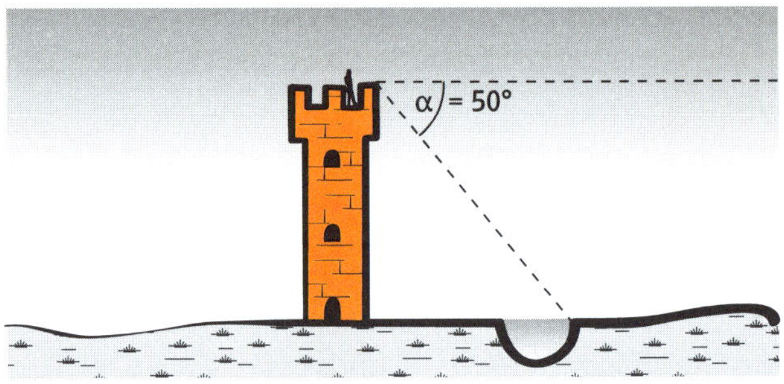

a) Welche Skizze passt zur Aufgabe? Kreuze an.

A ☐

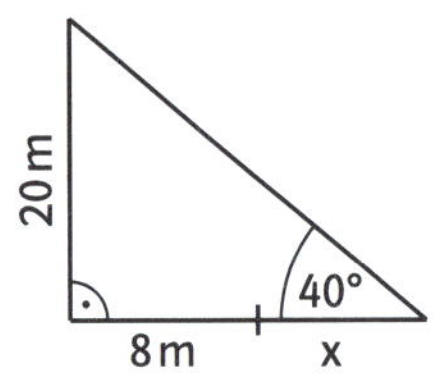

B ☐

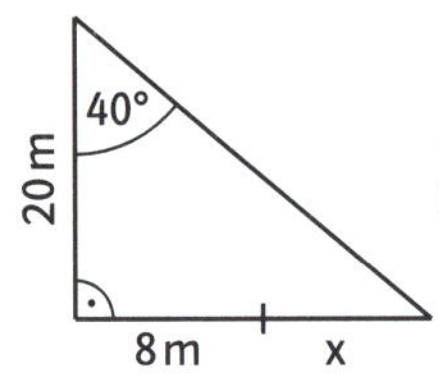

C ☐

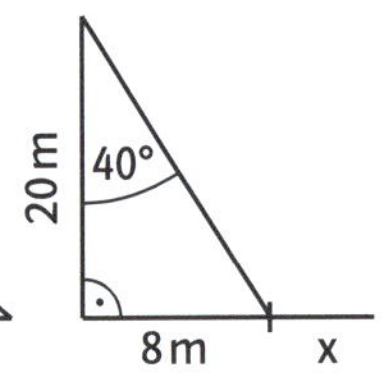

b) Bestimme x mit ______ (40°) = $\frac{}{}$. x ≈ ______ m

3 a) Ein Quader hat die bekannten Kantenlängen a = 5 cm, b = 4 cm und c = 3 cm. Schneidet man den Quader wie abgebildet durch, erhält man ein Viereck BCHE, in dem β liegt. Färbe das rechtwinklige Dreieck, in dem β liegt. Berechne nun β. [T1]

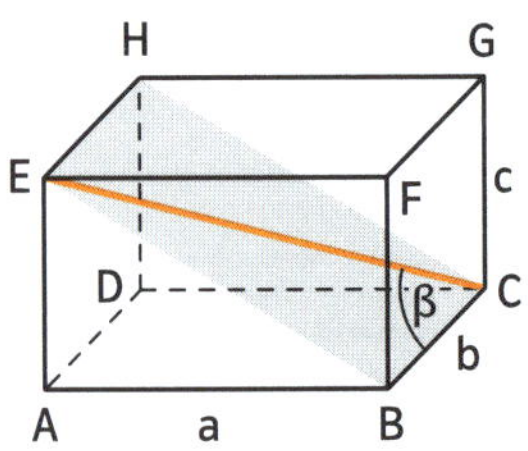

β ≈ ______

b) Im gleichen Quader soll nun der Winkel α berechnet werden.
Zeichne zuerst eine geeignete Schnittfläche ein (nutze dazu geeignete Hilfslinien). [T2]

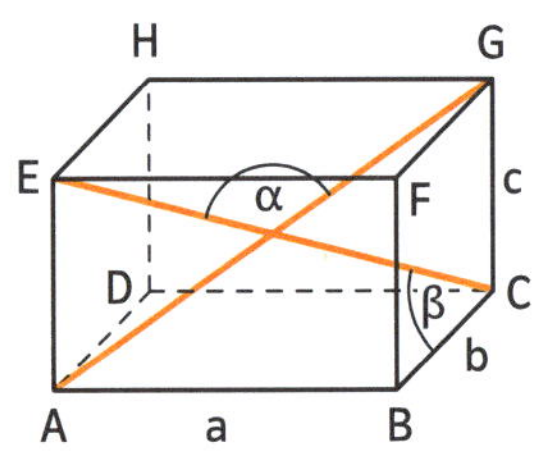

α ≈ ______

[T1] Berechne zunächst EB als Flächendiagonale mithilfe des Satzes von Pythagoras.

[T2] Betrachte das Rechteck ACGE. Der Schnittpunkt der Diagonalen liegt auf halber Höhe.

1 Eine quadratische Pyramide hat eine Grundkante von $a = 18\,cm$ und eine Höhe von $h = 24\,cm$.

a) Berechne den Winkel α zwischen einer Seitenfläche und der Grundfläche. [T1]

$\alpha \approx$ ______

b) Berechne den Winkel β zwischen einer Seitenkante s und der Grundfläche. [T2]

$\beta \approx$ ______

2 a) Mit welcher Geschwindigkeit bewegt sich ein Außenfahrstuhl nach dem Start in die Höhe, wenn der Sehwinkel zur Horizontalen zunächst $\alpha = 40°$ und fünf Sekunden später $\beta = 48°$ misst und die horizontale Entfernung zum Fahrstuhl dabei 20 m beträgt?

$\tan(40°) = \frac{\_\_\_}{\_\_\_}$

$a \approx$ ______

$\tan(48°) =$ ______ | ______

______ | ______

______

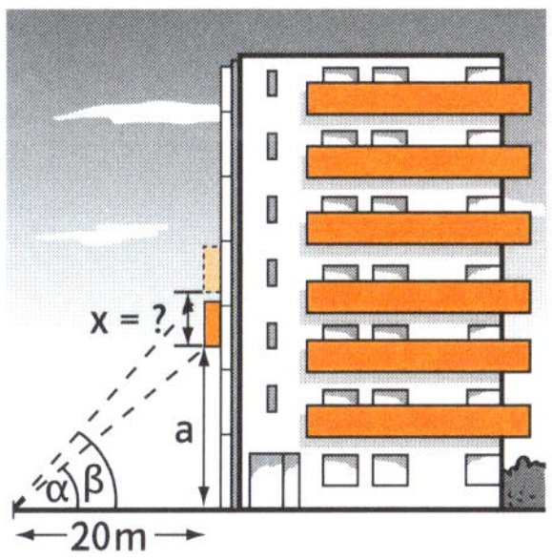

Der Fahrstuhl steigt in fünf Sekunden um ______ m.
Dies entspricht einer Geschwindigkeit von

______ m/s ≈ ______ m/s.

Da 1 m/s = 3,6 km/h, sind dies etwa ______ km/h.

b) Ein Heißluftballon verharrt kurz vor seiner Landung aufgrund einer herannahenden Böe in einer konstanten Höhe. Er erscheint dabei von Gunnars Standpunkt unter einem Blickwinkel von $\gamma = 54°$. Als sich Gunnar um 10 m auf den Ballon zu bewegt, erscheint der Ballon unter einem Blickwinkel von $\delta = 62°$. In welcher Höhe befindet sich der Ballon, wenn Gunnars Augenhöhe 1,50 m über dem Boden beträgt?

Es ist $\tan(54°) =$ ______ (1)

und $\tan(62°) =$ ______ (2).

Aus (2) folgt durch Umformen

b = ______ .

Setzt man b in (1) ein, so folgt

______ [T3].

Der Ballon befindet sich in ______ m Höhe.

3 Ein Dach hat die rechts gezeigte Form.
Bekannt sind die Länge a, die Breite b, die Firstlänge f und die Höhe h.
Markiere Hilfslinien und rechte Winkel, die zur Berechnung des Winkels α zwischen der Dachkante s und der Dachbodenfläche ABCD notwendig sind.

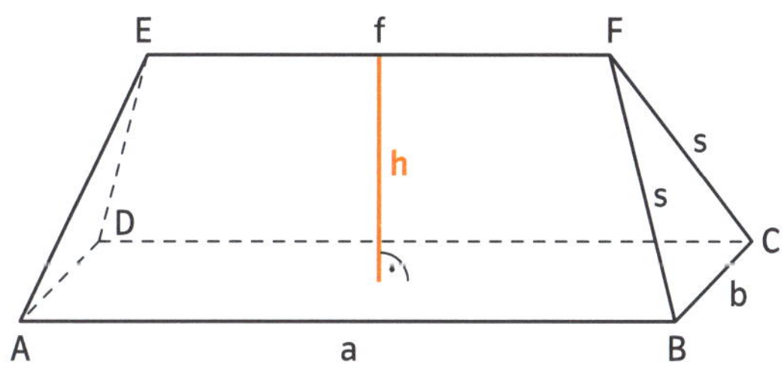

[T3] Bruchgleichungen löst man, indem man zuerst mit dem Nenner durchmultipliziert. Für die Gesamthöhe ist Gunnars Augenhöhe zu berücksichtigen.

[T2]
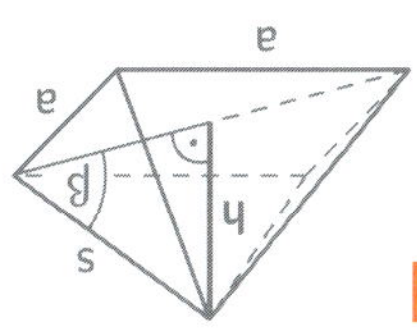

[T1]
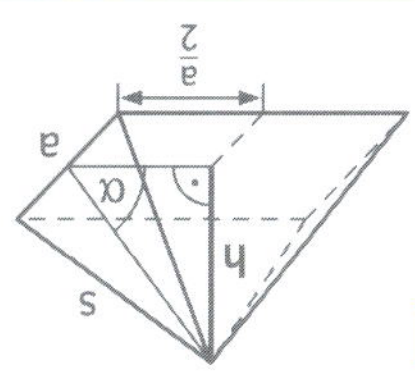

1 Bestimme zeichnerisch Näherungswerte.

a) $\sin(120°) \approx$ ______ b) $\cos(-150°) \approx$ ______

c) $\cos(290°) \approx$ ______ d) $\sin(-40°) \approx$ ______

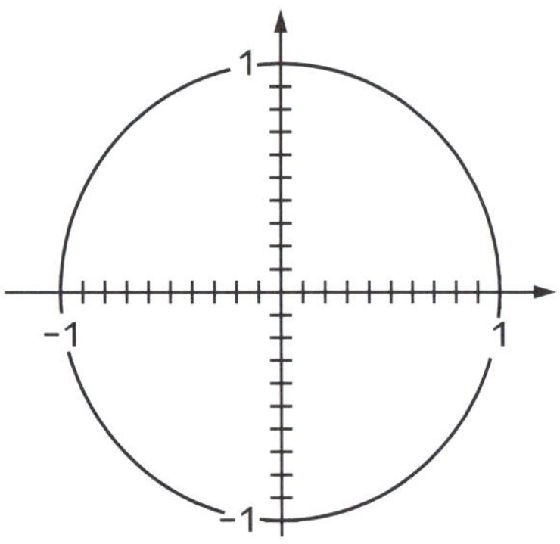

2 Das Rotorblatt eines Windrads mit einem Durchmesser von 50 m benötigt für eine Viertelumdrehung 0,9 Sekunden. Zu Beginn der Beobachtung befindet sich ein Rotorblatt waagerecht auf genau halber Höhe.

a) Zeichne einen geeigneten Viertel-Einheitskreis, um die Lage dieses Rotorblatts nach 0,3 und 0,55 Sekunden einzuzeichnen.

b) Lies ab, in welcher Höhe sich die Spitze dieses Rotorblatts nach 0,3 und 0,55 Sekunden befindet.

______

______

3 a) Fülle die Tabelle aus.

Gradmaß α	0°			60°	90°		135°		270°	
Bogenmaß x		$\frac{\pi}{6}$	$\frac{\pi}{4}$			$\frac{2\pi}{3}$		π		2π

b) Einen Winkel kann man im Gradmaß α oder im Bogenmaß x angeben. Dabei gilt:

$x = \alpha$ ______ bzw. $\alpha = x$ ______ .

c) Fülle die Tabelle aus. Runde auf zwei Dezimale.

Gradmaß α			−12°	1°			46°		191°	
Bogenmaß x	−4,2	$-\frac{\pi}{3}$			$\frac{\pi}{10}$	$\frac{\pi}{5}$		1,7		$\frac{31\pi}{18}$

4 Bestimme die Funktionswerte ohne Taschenrechner.

a) $\sin\left(\frac{\pi}{2}\right) =$ ______ b) $\cos\left(\frac{2\pi}{3}\right) =$ ______ c) $\cos\left(-\frac{\pi}{4}\right) =$ ______ d) $\sin\left(-\frac{\pi}{6}\right) =$ ______

5 Bestimme alle reellen Zahlen x mit $0 \leqq x \leqq 2\pi$, für die das Folgende gilt.

a) $\sin(x) = -\frac{1}{2}\sqrt{2}$ $x_1 =$ ______ ; $x_2 =$ ______ b) $\cos(x) = -1$ ______

6 Ordne die Kärtchen den Lücken zu, ohne zu rechnen.

a) cos(______) = ______

b) sin(______) = ______

−6,3 9 −0,91 −0,02

1 Ordne den Funktionstermen passende Graphen zu.

a) 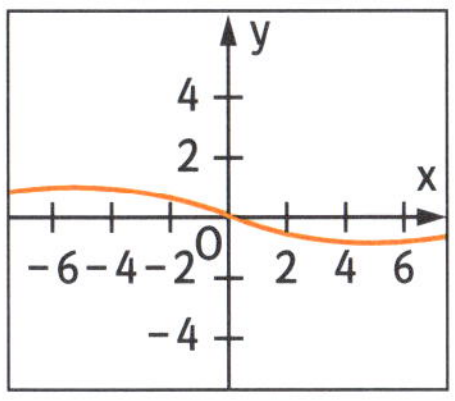

b) 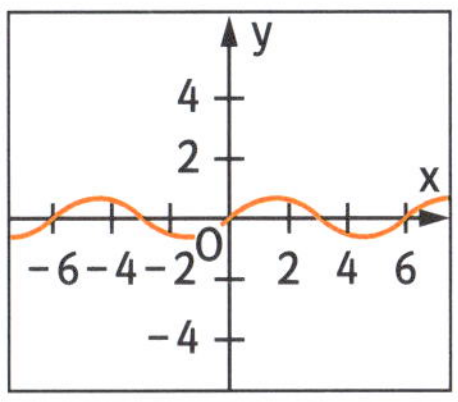

c) 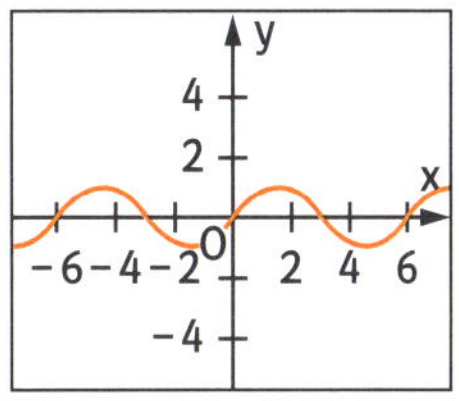

d) 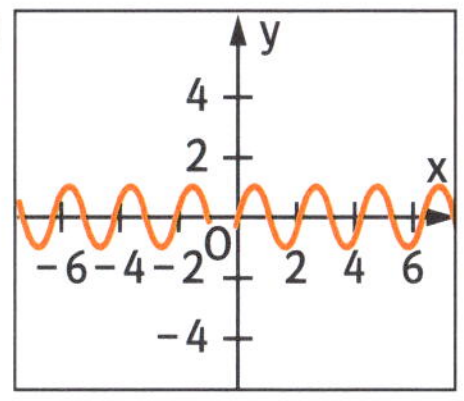

$f(x) = \frac{1}{3} \cdot \sin(x)$ | $f(x) = \sin(x)$ | $f(x) = 2 \cdot \sin(x)$ | $f(x) = \sin(2 \cdot x)$

$f(x) = \sin\left(\frac{1}{3} \cdot x\right)$ | $f(x) = 3 \cdot \sin(x)$ | $f(x) = \sin(3 \cdot x)$

e) 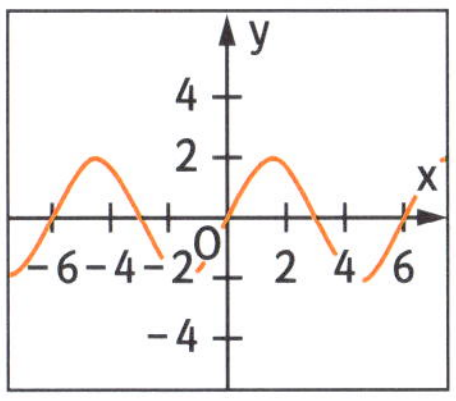

f) 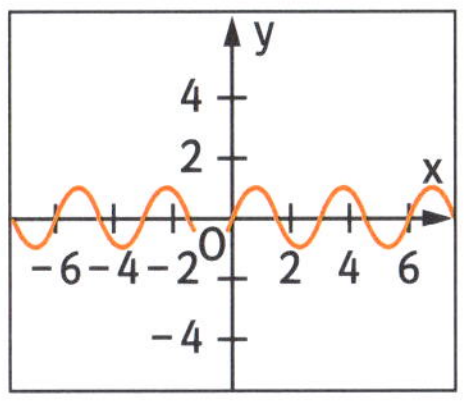

g) 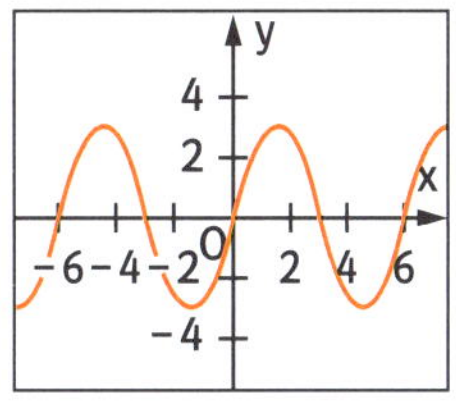

2 Zeichne den Graphen der angegebenen Funktion (ohne Hilfsmittel).

a) $f(x) = \sin(2 \cdot x)$

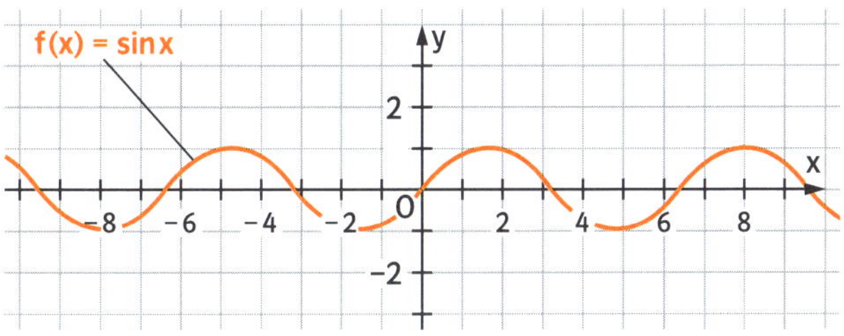

b) $f(x) = 3 \cdot \sin(2 \cdot x)$

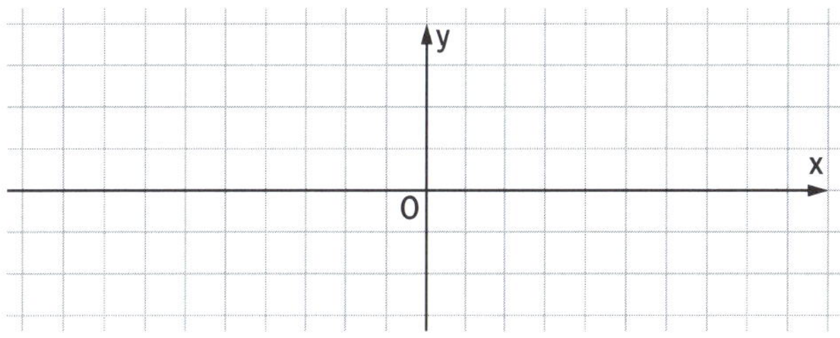

3 Gib die Amplitude a (= maximaler Ausschlag der Schwingung) und die Periode p der Funktion f an.

Funktionsterm	$\sin(x)$	$2 \cdot \sin(x)$	$\frac{1}{3} \cdot \sin(x)$	$\sin(3 \cdot x)$	$\sin\left(\frac{1}{3} \cdot x\right)$	$\frac{1}{2} \cdot \sin\left(\frac{1}{2} \cdot x\right)$	$8 \cdot \sin(\pi \cdot x)$	$a \cdot \sin(b \cdot x)$
Amplitude								
Periode								

4 Gib zum Graphen die Amplitude a, die Periode p und die Funktionsgleichung an.

a)

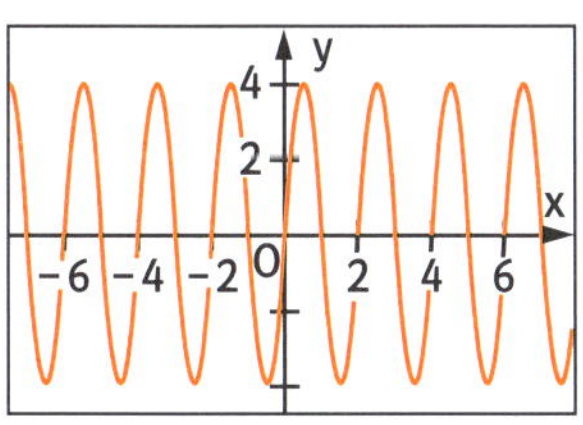

a = ____________

p = ____________

f(x) = ____________

b)

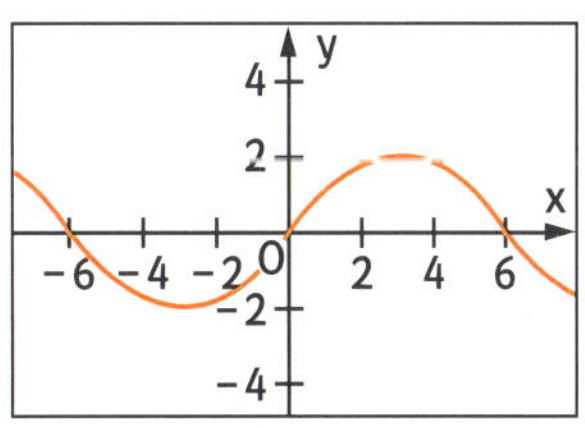

a = ____________

p = ____________

f(x) = ____________

Fülle die Lücken. Für jeden Buchstaben findest du einen Strich. Löse dann die Beispielaufgaben.

Sinus, Kosinus und Tangens im rechtwinkligen Dreieck

In jedem rechtwinkligen Dreieck mit Winkel α gilt

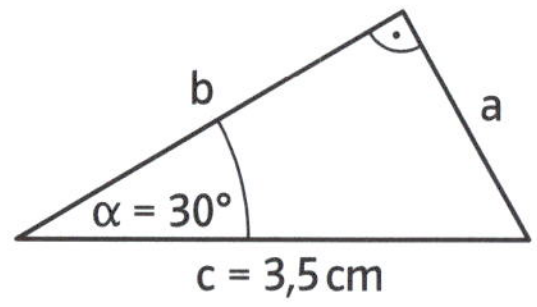

$\sin(\alpha) =$ ____________ ____________ ____________

$\cos(\alpha) =$ ____________ ____________ ____________

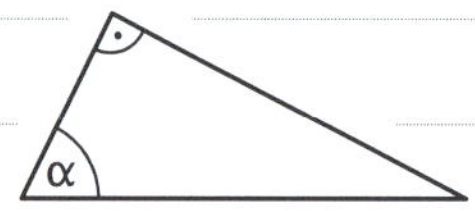

$\tan(\alpha) =$ ____________ . ____________

- a = ____________
- b = ____________

Winkel und Seiten berechnen

Will man in einem rechtwinkligen Dreieck ABC mit $\gamma = 90°$ fehlende Seiten und Winkel berechnen, so kann man folgende Beziehungen verwenden:

1. Winkelsummensatz: $\alpha + \beta = 90°$
2. Satz des Pythagoras: $a^2 + b^2 = c^2$
3. Umformungen der Definitionen von Sinus, Kosinus und Tangens.

Oftmals muss man in Problemstellungen **rechtwinklige Dreiecke** erst suchen; daher hilft zunächst eine **Planskizze**, in der diese Dreiecke **hervorgehoben** werden sollten.

- Zeichne ein Plandreieck und berechne.

a) gegeben: Dreieck ABC mit $\gamma = 90°$, $b = 2{,}9\,\text{cm}$, $c = 4{,}1\,\text{cm}$; gesucht: α, β

____

____

b) gegeben: Dreieck ABC mit $\gamma = 90°$, $a = 5{,}3\,\text{cm}$, $\beta = 52°$; gesucht: c, α

____

____

Sinus und Kosinus am Einheitskreis

Hat die Hypotenuse den Wert 1, so kann man ________ und ________ als Gegenkathete von α bzw. Ankathete von α im rechtwinkligen Dreieck identifizieren und einzeichnen.
Nach dem Einzeichnen in der nebenstehenden Abbildung von $\sin(110°)$ und $\cos(110°)$ liefert ein Ablesen der Werte:

$\sin(110°)$ ________ ; $\cos(110°)$ ________ .

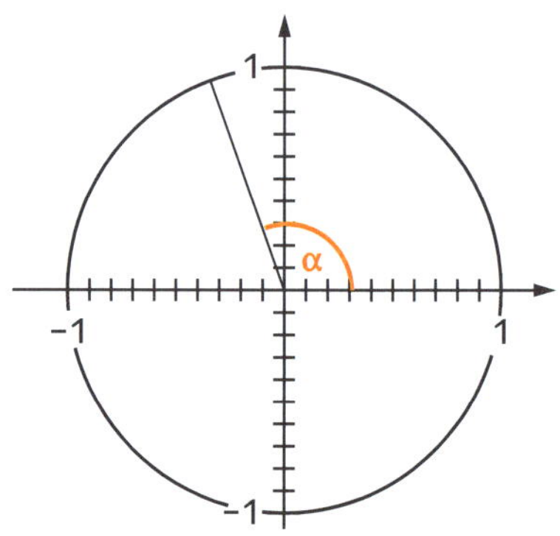

Grad- und Bogenmaß

Jedem Winkel α im Gradmaß entspricht eine Länge x des zugehörigen Bogens auf dem Einheitskreis (vgl. Fig. oben). 180° entspricht also

________ , da der volle Einheitskreis einen Umfang von 2π hat.

Allgemein gilt also: $x = \alpha \cdot$ ________ .

Bogenmaß	Gradmaß
$0{,}5 \cdot \pi$	
	45°
4,73	

Sinusfunktionen

Funktionen $f(x) = a \cdot \sin(b \cdot x)$ heißen Sinusfunktionen (x im Bogenmaß). Sie haben die Amplitude (maximale Auslenkung) a und die Periode $p = \frac{2\pi}{b}$, d.h. nach p Einheiten auf der x-Achse wiederholt sich der Funktionsverlauf.

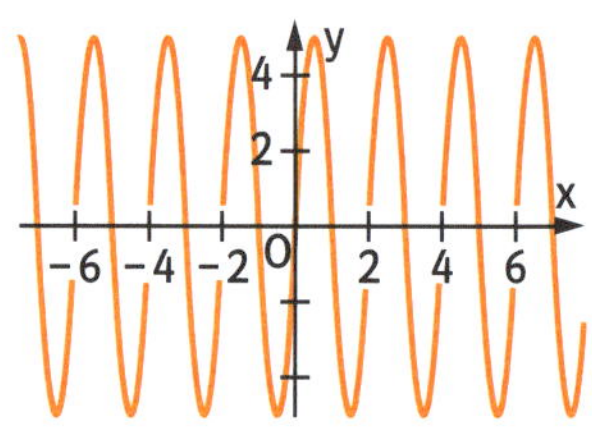

1 Löse die Gleichung zeichnerisch mithilfe der Normalparabel. Forme zuerst die Gleichung geeignet um. Zeichne dann die Gerade, notiere die Schnittstellen.

a) $4x^2 - 6x - 4 = 0 \quad | : 4$

____

$x^2 =$ ______________

$y =$ ______________

$y =$ ______________

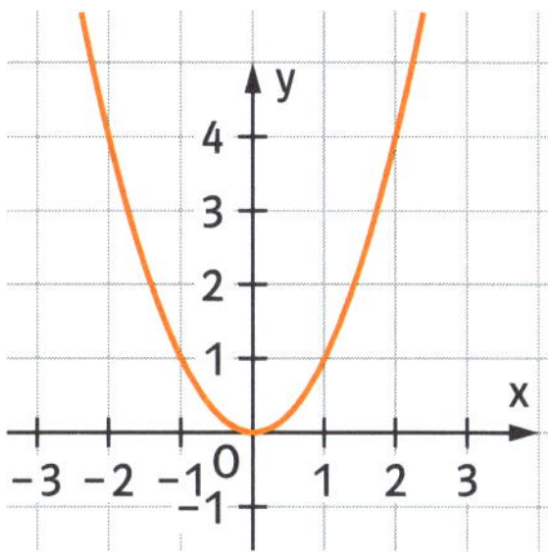

$x_1 \approx$ ______ ; $x_2 \approx$ ______

b) $x^2 - \frac{1}{2}x - 3 = 0$

$x^2 =$ ______________

$y =$ ______________

$y =$ ______________

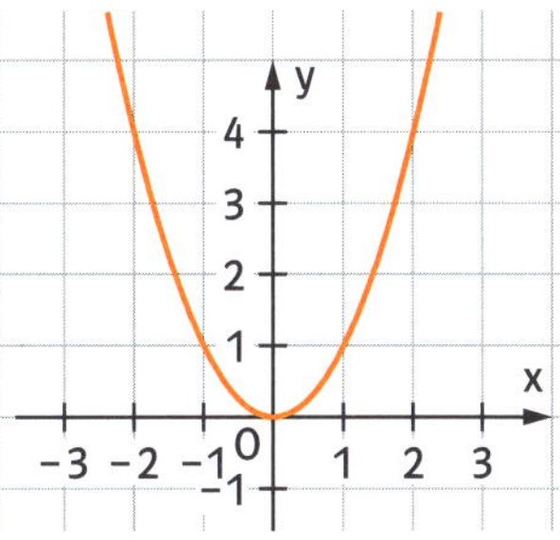

$x_1 \approx$ ______ ; $x_2 \approx$ ______

2 Auf welchem Weg lässt sich die Gleichung lösen? Notiere die Buchstaben der Gleichungen in der Tabelle.

Verfahren	Gleichungen
Umformen und Wurzelziehen	
Ausklammern	
pq-Formel	
pq-Formel nach Umformen in Normalform	

$x^2 + 5x = 0$ | A

$x^2 + 4x - 8 = 0$ | B

$x^2 + 8x + 32 = 0$ | C

$3x^2 - 6x + 12 = 0$ | D

$x^2 + 6x = 0$ | E

$x^2 - 25 = 0$ | F

$5x^2 - 3x = 0$ | G

$2x^2 + 15x = 0$ | H

$0{,}5x^2 - 15 = 0$ | I

3 Ein rechteckiges Blech hat die Maße 1,5 m x 0,5 m. Aus ihm soll eine 1,5 m lange Röhre mit rechteckigem Querschnitt hergestellt werden. Wie muss das Blech verarbeitet werden, damit der Querschnitt der Röhre möglichst groß ist?

Umfang des Querschnitts: ______________

Der Querschnitt hat die Seiten a und b mit den Längen

a = ______________ und b = ______________ .

Für den Flächeninhalt A des Querschnitts gilt daher

A = ______________ .

Die Funktionsgleichung ist ______________ .

Der zugehörige Graph hat den Scheitelpunkt S(______ | ______).

Der Querschnitt der Röhre hat die Maße

______________ .

Umformung in Scheitelform:

A = ______________

A = ______________

A = ______________

4 Bestimme mithilfe der Strahlensatzgleichungen die Längen der orange markierten Stücke.

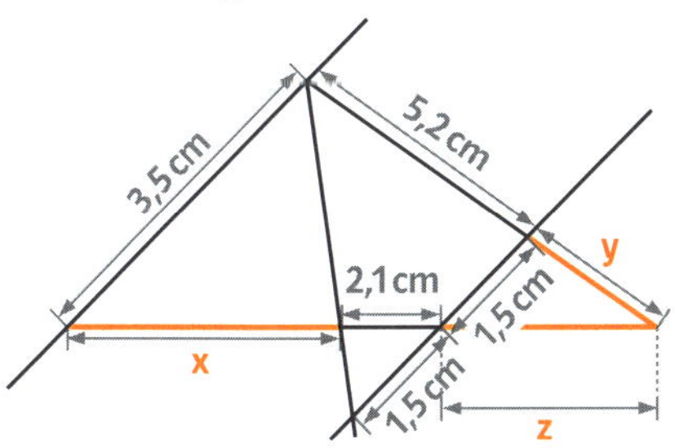

$\frac{x}{2{,}1\,\text{cm}} =$ ______________ x = ______ cm

$\frac{y}{y + 5{,}2\,\text{cm}} =$ ______________ y = ______ cm

$\frac{z}{z + 2{,}1\,\text{cm} + x} =$ ______________ z = ______ cm

5 Von dem Holzwürfel der Kantenlänge 10 cm wird ein Stück abgesägt, sodass die orange Schnittfläche entsteht; ihr Flächeninhalt ist gesucht. Die Seitenlängen des Dreiecks sind jeweils die Diagonalen der Seitenflächen und damit alle gleich lang.

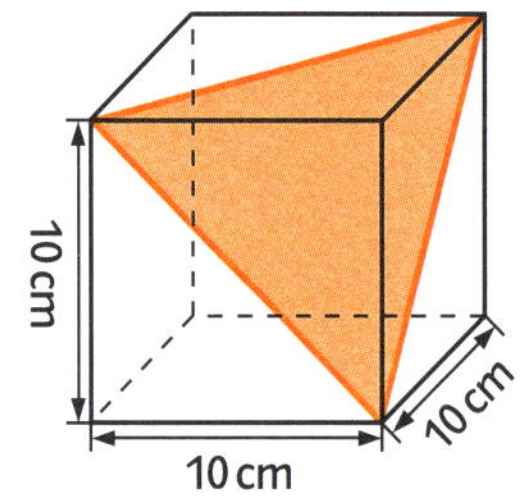

Daher ist das Dreieck ______________.

Berechne die Seitenlänge dieses Dreiecks.

a = ________ cm

Bestimme dann die Formel für die Höhe des Dreiecks. Berechne die Höhe der Schnittfläche und mit dieser die Größe der Schnittfläche.

Höhe im gleichseitigen Dreieck

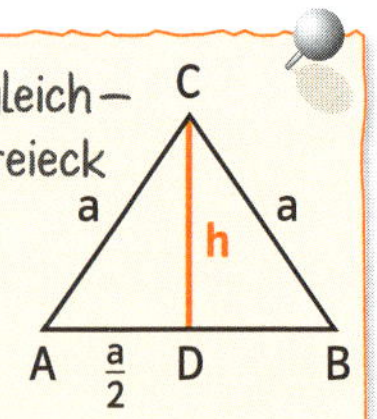

____

____

____

Die Fläche des Dreiecks beträgt ______ cm^2.

6 Das Volumen eines Balls beträgt 33 510,32 mm^3. Vier Bälle sollen in einer quaderförmigen Schachtel verpackt werden. Berechne die Oberfläche der Schachtel, ohne Überlappungen zu beachten. Es gibt zwei Möglichkeiten, die Bälle zu verpacken. Skizziere beide und berechne dann.

7 Berechne den Rauminhalt des Körpers für a = 5 cm. Stelle zunächst einen Term für V in Abhängigkeit von a auf.

a)

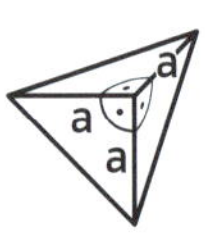

Term: V = ______________

Ergebnis: V = ______________ cm^3

b)

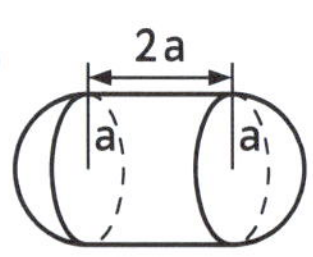

Term: V = ______________

Ergebnis: V ≈ ______________ cm^3

c)

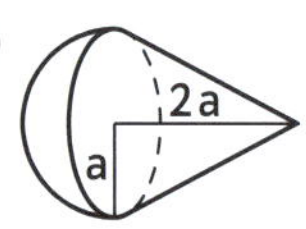

Term: V = ______________

Ergebnis: V ≈ ______________ cm^3

8 Welche Karten haben denselben Wert? Markiere sie farbig.
Tipp: Einmal gehören drei Karten zusammen.

- $0{,}067 \cdot 10^4$
- $670 \cdot 10^{-2}$
- 6,7
- 0,67
- $67 \cdot 10^3$
- $670 \cdot 10^{-3}$
- $6{,}7 \cdot 10^{-2}$
- $6{,}7 \cdot 10^3$
- 67000
- 670
- 0,067
- $670 \cdot 10^{-4}$
- 6700

9 Berechne die fehlende Größe.

	a)	b)	c)	d)	e)	f)
Anfangskapital	400 €		2009 €	1 €	1 €	
Jahreszinssatz	4 %	3,5 %	6 %	5 %	5 %	12 %
Laufzeit	3 Jahre	10 Jahre		50 Jahre	500 Jahre	12 Jahre
Endguthaben		947,92 €	3020,79 €			46 751,71 €

10 Ein Auto hat einen jährlichen Wertverlust von 10 %.
Will man berechnen, nach wie vielen Jahren es nur noch die Hälfte seines Neupreises wert ist, so muss man folgende Gleichung lösen:

$B(t) = 0{,}5 \cdot B(0)$ ______ bzw. ____________________ $= 0{,}5 \cdot B(0)$.

Bestimmung von t: ________________________________

Das Auto ist nach ______ Jahren die Hälfte seines Neupreises wert.

11 Die Kreditagentur „Money and more" verlangt für einen Kredit 0,8 % monatliche Zinsen, die „freundliche Hausbank" jährlich 10 % . Welcher Kredit ist günstiger? Bei „Money and more" ist die Kreditsumme nach einem Jahr auf das ________-Fache angewachsen. Die Jahreszinsen betragen also ca. ______ %. Günstiger ist also der Kredit bei ____________________ .

12 Ergänze die Tabelle zu den drei rechtwinkligen Dreiecken. Fertige zunächst eine Skizze an, in der du den rechten Winkel und die Seiten einzeichnest. Benenne dann auch die beiden anderen Winkel.

	Skizze	a	b	c	α	β	γ
a)		4,6 cm	2,8 cm		90°	$\sin(\beta) = \frac{\square}{\square}$ β = ______	
b)			$\sin(\gamma) = \frac{\square}{\square}$	5,2 cm		90°	35°
c)		3,2 cm			48°	42°	

13 Gib die Amplitude a und die Periode p der Funktion f an und beschrifte die Achsen.

a) $f(x) = 2 \cdot \sin(\frac{1}{6} \cdot x)$; a = ________ ; p = ________

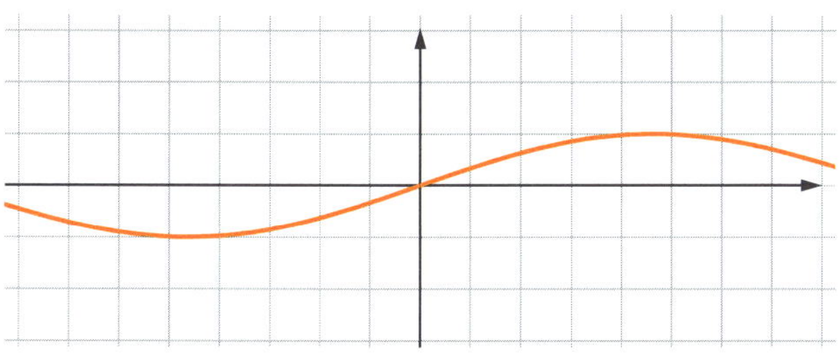

b) $f(x) = 0{,}5 \cdot \sin(\pi x)$; a = ________ ; p = ________

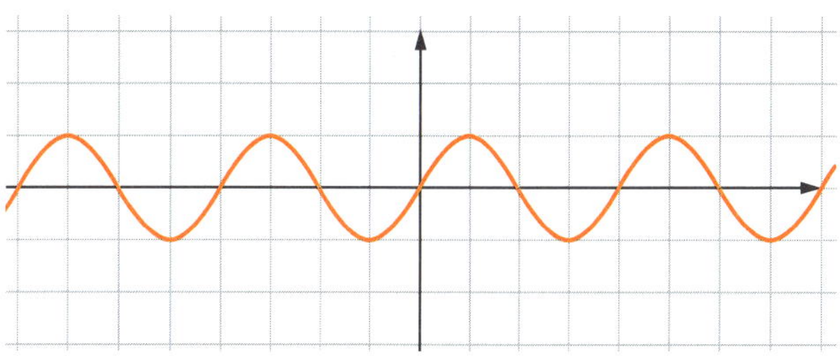

Die Seitenangaben in Schwarz verweisen auf die Lerneinheit, die in Orange auf den Merkzettel.